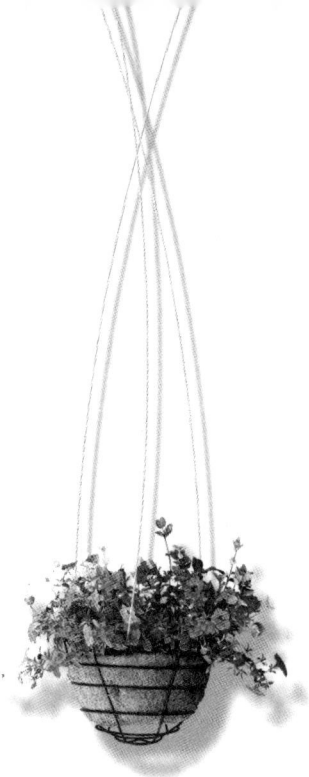

稳稳的幸福

HAPINESS FOREVER

宋犀堃 编著

放下虚无缥缈的浮华
追求踏踏实实的生活
让人生更从容、快乐

抛开转瞬即逝的激情
享受安安稳稳的幸福
让内心更阳光、轻松

新华出版社

图书在版编目（CIP）数据

稳稳的幸福 / 宋犀堃编著. -- 北京 ： 新华出版社，
2015.12
　ISBN 978-7-5166-2221-6

　Ⅰ．①稳… Ⅱ．①宋… Ⅲ．①女性－幸福－通俗读物
Ⅳ．①B82-49

中国版本图书馆CIP数据核字(2015)第294321号

稳稳的幸福
　作　　者：宋犀堃

出 版 人：张百新		图书策划：郑书凤
责任编辑：刘　飞		装帧设计：赵志军

出版发行：新华出版社
地　　址：北京石景山区京原路8号　　邮　　编：100040
网　　址：http://www.xinhuapub.com
　　　　　http://press.xinhuanet.com
经　　销：新华书店
购书热线：8008100260 13051882866

照　　排：新华出版社照排中心
印　　刷：北京高岭印刷有限公司

成品尺寸：170mm×240mm
印　　张：15　　　　　　　　　字　　数：238千字
版　　次：2016年1月第一版　　　印　　次：2016年1月第一次印刷
书　　号：ISBN 978-7-5166-2221-6
定　　价：36.00元

图书如有印装问题，请与出版社联系调换：4006062506

坚守你的幸福
FOREWORD

有一朵玫瑰，一朵非常非常漂亮的玫瑰，傲立于花园中，这是一座漂亮的花园，漂亮的玫瑰傲立于漂亮的花园中，那么，它就显得亮的扎眼，红的刺人。

花园的主人是一个非常好客的人。

一天，一个贫穷的小伙子，准确地说，是一个充满爱心的贫穷小伙子。他拜访了花园的主人："哈，多么漂亮的花园，多么漂亮的玫瑰！"小伙子刚进花园便赞叹不已。

"谢谢！谢谢夸奖！"花园的主人很谦虚，但是他那微笑的脸庞始终掩饰不了被称赞时的喜悦。

"那么，尊敬的主人，我可以从你的这个花园里带走一次美丽吗？"小伙子礼貌地问。

"当然可以，请便。"

"那，我可以带走那朵漂亮的玫瑰吗？"小伙子一开口就点明要那朵玫瑰。显然，在进门的那一刹，他便看中了那朵玫瑰。

"这，这……"花园的主人很犹豫，因为他知道那朵玫瑰在花园里的价值。

"可以吗？"小伙子再次礼貌地问。

"这，当然可以。只是，我不知道那朵玫瑰是否同意。"花园的主人说道。

"那，没关系，我可以去问问玫瑰的！"小伙子边说边朝玫瑰走去。

"亲爱的玫瑰，我可以带你离开这儿去组成一个新家吗？放心！我会将你完整的挖出来，保证不会弄伤你，弄折你的！"小伙子很礼貌地问玫瑰。

"哼，这可不行，你那么穷，会善待我吗？高贵的玫瑰只属于高贵的人。或者，只能献给高贵的爱情。就你这模样，哼！打死我也不跟你走。"

玫瑰的态度很坚决，小伙子只好悻悻让步了。

在小伙子结束拜访即将离开的时候，他向花园的主人要了一棵不太起眼的月季花，并且小心翼翼地把它挖出来，小心翼翼地把它捧在怀里向花园的主人作别。

玫瑰很高兴，因为她没有被那个穷小子带走。

又过了几天，一个衣着华丽的富家子弟，带着他的漂亮女友，参观了这座花园。这个富家子弟在进花园门口的时候就已经看中了这朵玫瑰。

"亲爱的！漂亮的玫瑰只属于漂亮的你。"富家子弟对他的女友说。

"好啊！"他的女友显得十分高兴。

"啊！漂亮的玫瑰，我可以把漂亮的你献给我的漂亮的女友吗？"富家子弟礼貌地问。

"好啊！好啊！高贵的我只属于高贵的爱情！"玫瑰很高兴的答应了。

于是，玫瑰被富家子弟给摘了下来，献给了他的漂亮女友，献给了他的高贵爱情。

玫瑰很高兴，因为她终于如愿以偿了。并且，那个富家子弟的漂亮女友，也就是她的新主人把它插在了一个很漂亮的花瓶里。

可是，几天后的她便憔悴了。因为她的新主人在这几天以来就从未给她换过一次水。

玫瑰在花瓶中坚持着。

几天后，房子里又添了好多时尚家具，她的女主人陶醉在新的美丽中，完全把这朵玫瑰给忘了。

玫瑰开始后悔了，但她仍在花瓶中坚持着。

她的女主人仍没有给它换水。

玫瑰开始想起了那个贫穷的小伙子，想着当初如果被他带回家，如果……

终于有一天，她的女主人发现了她。

"呀！花瓶里什么时候放了一朵玫瑰啊！干瘪瘪的，丑死了！"于是随手把她扔进了垃圾箱！

而那个贫穷的小伙子，在几年后也拥有了一座花园，一座只种有月季花的花园。

其实，人生中的爱情也是如此。如果只是一味地去寻求完美的爱情，那么，她获得的，只是完美中的一刹那，而失去的，却是拥有整个爱情生命的机会。

爱是一个找寻与明白的过程。找寻了，从此懂得了珍惜，明白了，从此更加幸福。

与找寻爱情一样，找寻幸福也是如此。幸福是一种感悟与发现。珍惜拥有，你就感悟到了幸福，发现幸福，你才会更加珍惜你所拥有的一切。

幸福是什么？不是昙花一现的惊艳，不是转瞬即逝的激情，不是珠宝房车的物质堆砌，不是艳羡倾慕的目光聚焦……真正的幸福，是充实、从容、快乐、满足、安稳的一种最佳的心理状态。认认真真的去爱，你的情感世界才能安稳长久，甜蜜美满；快乐阳光的去生活，你的人生状态才能轻松从容，安怡满足。认真努力地去工作，你的职业生涯才能踏实前进，创造业绩。大度包容的去处世，你的人际关系才能和谐稳定，真诚坦荡。

稳稳的幸福，就是人生最佳的平衡状态，在爱与被爱的深与浅，付出与收获的多与少，工作与家庭的重与轻，人生际遇的得与失之间，你能把心放平，就能体会到安安稳稳的幸福感。

追求安安稳稳的幸福，需要阳光心态、全心付出以及人生智慧；收获安安稳稳的幸福，就是收获精彩的人生、永恒的情感、卓越的成就。

稳稳的幸福

目 录

DIRECTORY

稳稳的幸福

目 录
DIRECTORY

Chapter One

第一章

◎用心守候，幸福一直都在

幸福的奥秘并不神秘，它只取决于你的心态。事实上，每一件事物都有它角度不同的方面，你要寻求什么，你的眼睛就会见到什么。一个温馨和睦的家庭，几个知心好友……如果你能积极地看待这些拥有，就能把握稳稳的幸福。

有一种心态叫幸福

幸福是一种体会，需要用心去品味。鞋子穿得舒不舒服，只有脚知道，幸福亦如此。有朋友是幸福，喜怒悲欢有人分享有人诉说；孤独也是幸福，享受静谧的冥想和心灵的净化。顺境是幸福，享受上天的恩赐；逆境也是幸福，在奋斗的汗水陪伴下拼搏。被爱是幸福，时时处处享受无微不至的关怀；爱也是幸福，从此生命有了牵挂，梦境有了归属；富有是幸福，可以做自己想做的事；贫穷也是幸福，它让你清楚地看到除了金钱你还拥有许多宝贵的东西；杰出是幸福，被人推崇被人膜拜，体味掌控生活的快感；平庸也是幸福，平凡的人生，踏踏实实地享受每一个清晨和日暮；上有老下有小更是幸福，一家人在一起享受天伦之乐！

有一对新婚夫妇，在度过蜜月之后，身为飞行员的新郎在婚后第一次吻别新娘，重新上了航线，但第二天却传来飞机落地时遭受意外起火的消息。新娘第一时间来到了机场，有人通报了新郎可能遇难的消息，新娘悲痛欲绝，但几分钟后却看到满身血迹的新郎奇迹般地出现在她面前。新娘转悲为喜，跪地感谢上天。事后她对友人说，那是她一生中最幸福的一刻。

由此看来，幸福是一种心态，是内心的一缕阳光，它可以扩散到人的每一个细胞中，使每一个细胞都充满喜悦。

这个结论似乎颠覆了人们所谓的幸福的模式，即幸福是需要通过一系列努力并历经磨难才能获得的，至少在许多人看来是这样。事实上，幸福离我们很近，能否获得它取决于我们的心态，如果我们能够调整心态，使我们的心感到满足或自由，我们就可以达到幸福的境界。

也就是说，决定一个人是否幸福是一种心态。你的内心状况决定你是快乐的、积极的，还是悲观的、消极的。

清晨，当你睁开眼睛时，你是否经常如此想过：人活着是一件多么美妙的事！这是一个多么令人愉快的早晨！我从未感到如此开心！今天一定会是美好的一天！其实，真正的幸福是一种发自内心的感觉。你会因你的处境和你所做的事而感到幸福。

这正是积极心态的关键所在。其实，万物早已存在，当你觉得心情舒畅时，你会情不自禁地表现出快乐的神情。同时会欣赏万物，心中的幸福感会油然而生。

安东尼奥斯说过："如果一个人不认为自己是快乐的，他就不可能快乐。"因此，如果你不快乐，就必须先对你的思想来一次彻底的改造，只有这样才能享受人生的乐趣。如果你的心中充满了愤懑、怨恨、忧愁等情绪，那么一切快乐的光芒便无法照耀进你的内心。你需要改变精神生活，采用积极向上的态度，只有这样才能真正获得人生的乐趣，产生幸福感。

下面，让我们来看看一位女士的遭遇，她的人生态度足以使那些动不动就怨天尤人的人汗颜。

她站在台上，不时不规律地挥舞着她的双手，仰着头，脖子伸得好长好长，与她尖尖的下巴扯成一条直线；她的嘴张着，眼睛眯成一条线，看着台下的学生；偶尔她口中也会咦咦呜呜的，不知在说些什么。基本上她是一个不会说话的人，但是，她的听力很好，只要对方猜中或说出她的意思，她就会乐得大叫一声，伸出右手，用两个指头指着你或者拍着手，歪歪斜斜地向你走来，送给你一张用她的画制作的明信片。

她就是黄美廉，一位自小就患脑性麻痹的病人。脑性麻痹夺去了她肢体的平衡感，也夺走了她发声讲话的能力。从小她就活在诸多肢体不便及众多异样的眼光中，她的成长充满了血泪。然而她没有让这些外在的痛苦，击败她内在奋斗的精神，她昂然面对，迎向一切的不可能。终于获得了加州大学艺术博士学位，她用她的手当画笔，以色彩告诉人"寰宇之力与美"，并且灿烂地"活出生命的色彩"。全场的学生都被她不能控制自如的肢体动作震慑住了。这是一场倾倒生命、与生命相遇的演讲会。

"请问黄博士"，一个学生小声地问："你从小就长成这个样子，请问你怎么看你自己，你认为你幸福吗？"许多人的心头一紧，真是太不成熟了，怎么可以当着面，在大庭广众之前问这个问题，很担心黄美廉会受不了。

"我怎么看自己？"黄美廉用粉笔在黑板上重重地写下这几个字。她写字时用力极猛，有力透纸背的气势。写完这个问题，她停下笔来，歪着头，回头看着发问的同学，然后嫣然一笑，回过头来，在黑板上龙飞凤舞地写了起来：

一、我好可爱！

二、我的腿很长很美！

三、爸爸妈妈这么爱我！

四、上帝这么喜欢我！

五、我会画画！我会写稿！

六、我有只可爱的猫！

七、还有……

忽然，教室内鸦雀无声，没有人讲话。她回过头来定定地看着大家，再回过头去，在黑板上写下了她的结论："我只看我所有的，不看我所没有的。"掌声由学生群中响起，黄美廉倾斜着身子站在台上，满足的笑容，从她的嘴角荡漾开来，眼睛眯得更小了，有一种永远也不被击败的傲然，写在她脸上。

我只看我所有的，不看我所没有的。听到这个故事，或许你的脑海中会出现这样的画面：我有一个幸福的家庭，我的爸妈很爱我，我的老公非常爱我，我与家人们相处和睦，有很多认识或不认识的朋友支持我，我可以做我喜欢的工作，可以自由地表达我的看法，有一台电脑，可以上网……我真的没有理由抱怨什么。

我们每一个人内心所真正需要的是丰富多彩的人生，幸福、成功、宁静以及我们心目中的崇高目标，这在本质上都可以从我们内心丰富的生活或创造过程中体验到。当体验到幸福、自信、成功时，我们就是在享受丰富的生活。当我们因为失败或消沉而压抑自己的情绪、违背自己的天性本能，遭受忧虑、恐惧、自我谴责和自我厌恶的困扰时，就是在扼杀我们内心的快乐，远离我们内心的幸福。

有人说："在你心灵的眼睛前面长期而稳定地放置一幅自我肖像，你就会越来越与它相近。""如果把自己想象成痛苦者，这就使你远离内心的幸福；而如果生动地把自己想象成快乐者，这将给你带来无法想象的幸福。幸福的

人生取决于你想象中的图画——你希望创造什么样生活，做一个什么样的人。"

积极的心态是重彩的妙笔，每一次涂抹都会给你的心中留下幸福的痕迹，增添幸福的色彩。不断地抓住这支妙笔吧，你未来的生活及幸福，正是这样一笔笔描绘出来的。

幸福心语

生命需要阳光，其实心态更需要阳光。它能驱散内心的乌云，它能洗涤无边的阴霾。快乐心情才能欣赏美丽风光，阳光心态才能感受幸福生活。你内心如果是一团火，就能释放出光和热；你内心如果是一块冰，就是融化了也还是零度。要想温暖别人，你内心要有热；要想照亮别人，请先照亮自己；要想照亮自己，首先要照亮自己的内心。怎样照亮内心？点亮一盏心灯，塑造阳光心态。良好的心态能够很好地影响个人、家庭、团队、组织，最后影响社会。

女人心中的幸福

幸福的含义及体验可谓是众说纷纭、五彩缤纷且各人的体验也是不尽相同。

我以为幸福的确是一种感觉。一个人只要用一颗善良、平和而宽容的心去看待周边的世界，就会发现幸福无处不在。

幸福，是每逢长假时可以带着儿女去游览名山大川，呼吸山间新鲜的空气，是与老公手牵手在街上闲逛，是永远像小时候那样在父母身边尽情地撒娇。

幸福，是好心情的一面镜子。心情好，可以体会到天蓝、草绿、风轻，此时就觉得幸福；心情不好，蓝天绿草轻风又与我何干呢？所以，幸福的感觉并不是物质的，而是精神的！

幸福，是健康地活着，是快乐地活着，同时也能给别人带去快乐。它也是所有家庭成员的健康，家庭的安乐平和！当你拥有健康，就可以去做自己想要做的事情。

幸福，来自平凡，是每天都感到实在并快乐地生活。是物质与精神上都能得到满足，在这个世界上，无论何时何地，即便是身处困境，你都觉得心中充满了希望。

幸福，是不论钱多钱少，两个人相亲相爱，互相体贴、关心并有共同的目标！

幸福，是每天一睁开眼睛，就能看到心爱人的笑脸；是努力工作时，上司那一抹欣赏的眼神；是回家依偎在父母身边看电视；是天天有时间做白日梦，和他一起规划美好的未来。其实，获得它很简单！

一位职业女性，因为自己的鼻子有一些缺陷，所以一直没有勇气对自己心仪的男士表白。她的内心为此充满了痛苦与焦虑，无法真正表达自己的感情是一件很痛苦的事情。她痛定思痛，最后，下定决心去做整容手术。手术进行得很成功，她往日的缺陷消失了，脸上光彩亮丽，一扫过去灰暗的形象。这使得她受到许多男士的瞩目，她鼓足勇气去向心仪的男子表白。

婚后，她告诉丈夫她曾去做过整容手术，然而令人感到惊讶的是，她的丈夫根本就不在意她做过手术，而且就没把这当做一回事。她继续追问："那你为什么在我动手术之后才来和我交往呢？"丈夫给她的答案是："因为我感觉你变得比以前开朗了，而且很容易让人亲近，非常惹人喜欢。"

在这个故事之中，女主角一直认为是自己鼻子长得不好，所以才交不到男友，可是事实并非如此，别人可能并没有注意到她鼻子的缺陷。所以，人的心态至关重要。你自以为是问题的地方，对别人而言可能根本就不是问题。与其为一些无谓的心理障碍伤脑筋，不如积极地去表现自己，展现自己健康开朗的一面，这才是明智的做法。

一位悲剧大师曾说："人活着就是痛苦的。"现实生活之中，也有不少人有着这样的观点。她们用悲观的心去思考问题，用沮丧的眼睛去看待世界，更有甚者把生活看成是痛苦的炼狱。当一个人想着幸福时，她很可能就会获得幸福；当她想着不幸时，她很可能就会不幸。同样，当一个人期望的多，她获得的也多；当她期望的少，她获得的也少。一个能够自我调节心态的人会创造幸福，一个不自觉地让自己产生不幸的人会招至不幸。

无论一个女人多么的有能力，如果缺乏好的心态，就什么事都做不成。良好心态的能量是巨大的，也是动力产生的源泉。有了它，女人就能把握住自己的命运，实现人生的理想，在人生的道路上勇往直前。

有个叫琳的女孩大学毕业后，到一家跨国公司去应聘业务员，毕业于名牌大学的她非常顺利地进入到了最后一轮的面试。

面试是由公司的总经理负责。个头不高，微微有些发胖的总经理四十多岁的样子，眼睛里透着精明、练达，他看了看琳的资料后，说："虽然你的表现很优秀，但我们仍不会聘用你。"琳有些意外，不过她还是清醒地意识到应该保持风度，微微一笑，说："没关系，我再到别的公司碰碰运气。"

"年轻人，请你告诉我，你走出大厅会先想到什么？"

面对这个已属额外的问题，琳坦然地说："我应该首先想一下这次面试失败的原因，发现自己的不足，争取下一次成功。"

"你不用想了，我们决定聘用你，我们需要善于总结教训、承担失败的业务员。"

8个月后，琳已经成为这家公司的部门经理。

琳能成功获得公司的工作岗位，完全是她积极的人生态度打动了面试官，这也正是面试官所想要的。积极心态是女人成功的首要条件，是一个人思考

问题的方法。一个人如果是个积极的思考者，喜欢接受挑战和应对麻烦事，那她就成功了一半。琳的事例就验证了这一点。

人们常说，性格决定命运，心态决定姿态。对待生活，不同的态度就会有不同的表现。要看一个女人生活得是否幸福，不能看她的物质状况，因为有钱的不一定就会觉得幸福，而经济条件一般的，却未必会觉得不幸福。

我们的欢乐与痛苦，其实都是自己的心态所造成的。心态都有"好"与"坏"之分，尤其是当它反射到我们心灵上的时候，由于掺杂了主观臆断的因素，我们心目中的"好"与"坏"也就偏离了原来的真实本质。所以，懂得如何快乐生活的女人，遇事会保持一个积极的心态。

一位作家曾写道："快乐是一种角度，从这边看是痛苦，换一边看未尝不是幸福。被刺到手时，你的快乐是因为它没有刺到眼睛。"看问题角度不一样，心态自然也就不一样了。

无论生活多么糟糕，都要保持一种积极心态。人生中有晴天丽日，也有阴雨霏霏，有了积极心态就可以超越恐惧、自卑、胆怯、气馁；有了积极心态就不怕失败；有了积极心态就有了健康的精神与信念，就有了永远保持魅力的资本；同时积极心态给你带来的一切也将受用终身。

从现在开始，选择积极的心态：从现在开始，去爱你的工作，去爱你身边的一切；你的岁月会奏起激扬的乐章，世界也将因你而精彩！

幸福心语

一个幸福的女人，她从不把自己与悲剧联系在一起，她会用心地去品味生活中的点点滴滴，苦辣酸甜。她坚信，只要快乐地活着，把握阳光般的好心态，就能够拥有幸福的生活，也能够活出人生的真谛。

HAPPINESS FOREVER

真爱是幸福之源

.

幸福是什么？是爱，是真爱。

在我们每个人的心里，都存在着一种信念，它提醒着我们什么是我们最珍视、最渴望的东西，那就是爱。

在《睡美人》这个神话故事中，女主人公从一位英俊的王子那里得到深情的一曲，因而从漫长的睡梦中醒来，来到王子居住的宫殿，从此两人过上了幸福的生活。这就是真爱的力量。

一个懂得爱别人的人，才有可能得到别人的真爱。

有这样一位老师，她在千钧一发之际把 7 位儿童推向安全地带，自己却在车轮下献出了生命。许多人都记得她是多么疼爱儿童，她为他们献出了生命，这是她一生奉献在幼教工作上的永恒纪念碑。有一位儿童的话最传神地描述了她的爱心，这位小孩子说："她永远是那么慈祥，从不发脾气，也从不骂人。"毫无疑问，这是一个懂得爱别人的人，也是一个懂得爱的含义的人。

真爱是接纳并且鼓励别人，是一种人与人相互给予的爱。我们也许正缺少这种爱意。我们之中有许多人一生中都只会依照自己的方式去爱，而忽视了别人的需求。举例来说，当我们在家里准备晚宴的时候，最在意的是家看起来亮不亮堂、菜肴精不精美，而不是我们的亲人。我们也许忘记了答应孩子们去野游的承诺，而只是以忙为借口。我们也许有一年没有送圣诞礼物给自己最好的朋友，原因是想不出送什么合适的礼物。我们一心所想的只是自己的风光和体面，而从未意识到如果沉迷在自我之中，将会没有办法向别人表达出真正的爱！

如果是这样的话，我们不妨尝试着去表达这种对亲人和朋友的真爱，我们会发现，表达或是给予真爱，会使我们感到快乐和满足，而这正是我们获得人生幸福的源泉。

在现代生活中，繁忙使我们的心灵处于沉睡状态。往往忘了什么是最要紧的东西，忘了爱到底是什么。

有一个小女孩，总希望能见到上帝。她知道要见到上帝得走很远的路，于是收拾好一个小旅行箱，里面装了几个小馅饼和几瓶饮料，就上路了。

她走过了三个街区，看见了一位老奶奶。她坐在路边公园的长椅上，凝神地望着在草地上啄食的鸽子。

小女孩在她旁边坐下，休息片刻，擦了擦汗，打开了小箱子。她拿出一个小馅饼正要往嘴里送，却发现老奶奶正望着她，好像她也很饿了。于是她把小馅饼送了上去，老奶奶感激地接过馅饼，并笑了一下。

这张笑脸真好看。小女孩想再看到一次，就又送给她一瓶饮料。老奶奶又向她笑了笑，小女孩高兴极了。

她们就那样坐了一个下午，一边吃，一边笑，可谁也没说一句话。

天快黑了，小女孩觉得该回家了。她起身离开椅子，走了几步，又转回来，她张开双臂紧紧地拥抱老奶奶，而她回送给她最美丽、最动人的微笑。

小女孩回到家，妈妈马上发现女儿的脸上洋溢着喜悦，于是她问："今

天你怎么这么高兴？"

"我和上帝一起吃了午饭，"没等妈妈反应过来，她又加上一句。"你知道吗，我从没有见过像她那样美丽的笑脸。"

就在同时，老奶奶也回家了，她的脸上也满是喜悦。她的儿子十分奇怪地问："妈妈，今天有什么事这么高兴？"

"今天中午我和上帝一块儿吃了馅饼，"没等儿子反应过来，她又加上一句，"你知道吗，她可比我想象的要年轻得多！"

爱之所以完美，是因为爱是无私的，爱是纯挚的，它只求更多地给予，而不求或多或少地索取，更不奢望过多的回报和酬谢。

有一篇文章这样写道：

生活，这位智者再次出现在我的考卷上，带着神秘的微笑问我需要什么。我的回答并不睿智，但充满感性。是的，我认为生活需要爱。

生活需要友情。试问友情是什么？是钟子期与俞伯牙的高山流水，断琴祭友？是马克思与恩格斯几十年的风雨同舟？还是……也许它只是了4一首温暖的《第一时间》，是朋友见面一声久违的"老友"，是患难中的一只温暖的手；或是同病相怜时一个会心的微笑吧。但，无论友情有多伟大，或是多普通，它一定是重要的！生活需要它！

生活需要亲情。敢问亲情是什么？是母爱的无私，还是父爱的含蓄？是女儿的乖巧，还是儿子的顽皮？或者……也许它只是满文军那首深情的《懂你》和那首耳熟能详的《常回家看看》；是旅游在外的思念的电话，是国外一次昂贵的国际长途；是母亲节时一束美丽的康乃馨；是一句关切的叮嘱；或是大雨中一把小伞撑起的一方晴空吧。但是，无论亲情是浓是淡，它一定每时每刻都伴随在你身边，把你的生活染得绚丽多彩。生活同样需要它！

生活需要爱情。请问爱情是什么？是杨过小龙女16年的不离不弃？是梁山伯祝英台化蝶的悲凉和千古传唱的《梁祝》？是琼瑶笔下的公主王子般的故事？还是……也许它只是情人节的一枝玫瑰，一盒巧克力；是患难中的一句深情的安慰；是一种平等的互相尊重的感情；是一个柔情的微笑；或是一次真诚的对视吧。但，无论流行歌曲把爱情唱得有多烂，或是多少人污辱了它的圣洁，生活依然需要它！

友情、亲情、爱情，三股爱的风在生活的海洋上吹起浪花，荡起涟漪。没有爱，生活将变得索然无味，了无生趣。让我们去珍惜身边的爱吧！生活需要它们！是的，大声再说一遍，生活需要爱！

"爱"是我们每个人经常挂在嘴边的一个字，可是，有时候，我们也常会忽略周围的爱，如父母对子女无微不至的爱、老师对学生循循善诱、朋友间互相安慰……这些往往都被我们视为理所当然，而没有细细地加以体会。而如果你加以体会，你会感觉到，人生，这是一个多么美好的东西啊！

我们生活在一个多元的社会中，每个人都需要别人的关爱和帮助。我们关心他人、爱护他人、支持他人、理解他人，同样我们自己也会得到别人的关爱和帮助。把爱作为人与人之间交流的纽带，世间就会少一份猜忌，多一份温馨；少一份欺骗，多一份诚实……"如果人人都献出一点爱，世界将变成美好的人间"。

爱就像明媚的阳光一样可以照彻寒冷的心房，爱就像炎炎夏日午后的一场骤雨，可以使万物顿时获得滋润，充满生气。

现今激烈的社会竞争，使得有些人的心仿佛是久旱不雨的荒凉沙漠，一件小事都可以让满天飞尘。这时，能够恢复他们内心原有滋润且能带来生气的骤雨，就是他人的关怀和相互谦让的心。微不足道的事也好，不受瞩目的事也罢，若是人人都能发自内心地做对他人及社会有益的事，不但自己快乐，别人也会快乐。爱的本身就是一串震颤的弦音，一种花香的弥散——持久、热烈而又延己及人，从一双手到另一双手，从一个人到另一个人。当人的灵魂被爱浇灌之后，它所散发出来的，只会是人性的芬芳。

爱可以被分享，当爱被分享的时候，爱会变得更伟大。一个人只有学会了分享，才能感受到一种发自内心的喜悦。我们尽管可以大量给予他人同情、鼓励、扶助，而这些东西，在我们自身是不会因"给予"而有所减少的。相反，我们给人越多，自己所拥有的也就越多。

在很久以前，生命中所有的态度，都居住在一个美丽的岛上，他们一同生活，共同建造自己的天堂。这些具备个性的态度，包括希望、憎恨、怜悯、妒忌、愤怒、自负、爱等。

一天，这些态度们突然发现自己身处的小岛正在沉入大海。"各位，小岛正不断下沉，"野心向其他态度宣布，"我和创造商量过了，我们要修船去我新的居所。在那里我会将土地卖给你们，然后在组织的带领下重建家园。我们必须离开此地。"最先离开的是冲动和轻率，跟着是悲观，然后是消极。侵略和固执则为应如何做而大吵大闹。挫折和冷漠不久亦走了，他们觉得命该如此，对其他同伴争论应走应留感到厌倦。被动不想卷入如何挽救这个岛的争论，也跟着走了。

就这样，所有的态度们都一个跟一个地随着船离开了岛，最后只有爱留了下来。爱对小岛的爱很坚定，他决定留守至最后一刻。当其他同伴纷纷离开时，爱则在岛上回忆着在这里的快乐日子。小岛快要消失了，没有一个态度尝试挽救它，爱只有依依不舍地离开。他没有准备船只，只有向其他经过的船呼救。

一天，财富的船只从爱身边经过。财富的船精雕细琢，是所有船中最大最快亦能航行得最远的。爱向财富喊道："财富，你能帮我离开这里吗？"财富说："爱呀，我不能载你，因为我的船载了很多金银珠宝，载不动你。"跟着来的是自负。"自负，请你救我！"爱企盼着。"我也很想救你，"自负说："但你全身湿透，会弄脏我的船的。"跟着他亦消失在大海中。然后爱看到希望，"希望，请救救我！"希望说："我希望你明白，我现在只希望这只船可以撑到对岸，对不起。"

小岛开始一点一点地往下沉了。爱爬到岛上最高的山尖，等待其他船的经过，但是，山尖现在只剩下一个小丘了。爱看到悲伤驶近自己，便对他恳求："悲伤呀，让我上你这条船吧！"悲伤对他说："噢，我太悲伤了，想自己一个人静静地过。"跟着来的是高兴，但他因为能够离开此地而太高兴了，根本听不到爱的呼救。恐惧驶近了，但他担心若被其他态度见到自己接载了爱，会被他们指指点点，最后亦没有伸出援手。爱向妥协求救，但妥协告诉爱要接受现状，与小岛一同沉入海底。爱向愤怒求救，但愤怒认为爱落到这样的田地是咎由自取，对其愚笨感到愤怒。

船只一艘一艘地驶近然后又驶远了，可是爱却始终没能够离开，他的心也跟着岛屿一点点地往下沉。水已经浸到爱的胸膛了。突然有一个声音说："爱上来吧，我载你走。"爱大喜过望，立即跳上这艘肯救他的船。这艘船看起来十分老旧，饱经风雨的洗礼，但船身仍然坚固结实。

由于太高兴了，爱竟然忘了问救他的老者是谁。后来，爱向博学问道："是谁救了我？"博学说："是时间救你的。""时间？"爱问："时间为何救我？"博学说："爱，你是所有态度中最伟大的，其他态度都不及你。你能忍受一切，你能承担一切，只要给你时间，你能治愈一切创伤。你知道的，只有时间能了解什么是伟大的爱。"

没有爱的财富，令人变得贪婪；没有爱的自负，令人与人之间的关系变得肤浅；没有爱的悲伤，令人变得以自我为中心；没有爱的快乐，令人失去怜悯；没有爱的恐惧，令人失去勇气和埋没良心；没有爱的妥协，令人对未来失去期望和信心；没有爱的愤怒，令人失去宽恕之心，而没有宽恕之心，无人能获得心灵的治愈。你对身边之人的爱愈能经受时间的考验，他们便会愈喜欢你。

或许直到物换星移，我们才能够明白真正的爱为何物。人与人相处时，总不免会有其他态度，如愤怒、妥协、自负、悲伤等，但记着要以爱对待所有的人。只要时间容许，爱能真正改变生命。

幸福心语

只有做个懂得爱的人，才会真正走上幸福之路。一旦我们生活在爱之光的照耀下，我们自己就将成为一座灯塔。与其被人爱，毋宁去爱他人。因为，一个人只有忘我，才能发现自我；只有宽恕他人，才能被他人宽恕。我们只有爱他人，才会得到他人的爱；

只有做个懂得爱的人，才会找到真正的幸福。

HAPPINESS FOREVER

幸福中有一种因果

　　人之所以活着，从很大程度上来说是为了追求幸福。几乎所有人在童年时都沉浸在未来人生会幸福的梦想里，正是这个梦使许多人历经千辛万苦，仍不断坚定地向前走去。同样，人类社会也一直就有种种关于人类幸福的学说：从《封神榜》中的"神仙世界"到《西游记》中的"美好天宫"，甚至连童话中的世界或者陶渊明的桃花源，都在一定程度上使人们欣喜若狂、情不自禁，可以说人类正是在追求幸福的道路上一步一步地推进着社会的文明。

　　我们通常会注意到这样一种现象：人们所幻想的幸福虽然各有不同，但却都着眼于某一种精神的满足，或者是长寿、或者是快乐、或者是权力、或者是自由，不管是这种或是那种，总之，这种内心世界的极大满足，就是幸福。

　　幸福是什么呢？幸福是精神家园里的一种寄托，是一种升华、理想，事实上，越是物化的世界越需要幸福，唯有如此，人类生活才能更纯洁、更丰富、更充满情感、更有意义。

　　我们知道，人的生存有着从低到高的不同需求，从饥饱的要求、冷暖的要求等生理的需求，再到精神上的需求，而幸福就是这种高层次需求的一个方面。许多动人故事的感人之处就在于，当人们在由于本能的驱动而追求某种刺激或满足的时候，突然他们会情不自禁地被一种神圣崇高的境界所吸引，其内心自始至终洋溢着一种自豪而快乐的情感，他们的心理始终能得到满足。许多人在这之后突然才明白，原来这就是幸福，幸福就是这样美好的事物！

幸福中有一种因果，种下辛苦收获快乐，种下帮助收获回报，种下关怀收获温暖，种下思念收获梦圆。对于海伦·凯勒来说，如果上帝能给她三天光明，那就是她最幸福的时刻；对于那些在地震中失去家园的人来说，早日住进重建的家园，那就是幸福；对于那些帮助灾民的志愿者来说，灾民的幸福就是自己最大的幸福。这个世界有一个"幸福链"，每个人的幸福都连着其他人的幸福：一个孩子的幸福或许与玩具有关；一个母亲的幸福则与孩子有关。如果幸福是利己又利人的一件好事，我们有什么理由不去努力追求呢？

幸福不是一块糖，让人甜得发腻，幸福应该是一杯绿茶，先是苦涩的味道，然后是沁人的香甜；幸福不只是一个梦，只要睡觉就能得到，幸福更像一张图样，只有照着目标努力去干才能美梦成真；幸福不只是一个炮仗，一点燃就会马上发出声响，幸福更像一首歌，要按照旋律用心去学唱；幸福不只是一块水晶，让人一见就眼睛一亮，幸福更像是一块璞石，要长期细致雕刻才能成为美玉；幸福不只是一个惊叹号，只为了让人赞叹和炫耀，幸福更像是一个省略号，省略的是许许多多岁月的艰辛和回想……

一位退伍军人多次回忆起他在军队中的岁月，他说那时每天要行军50千米，没有充足的食物，更没有足够的睡眠，但只要想着胜利，就会浑身充满力量……他说自己后来再也没有经历过那么苦的日子，但他最后却总结说，不知为什么，现在想起来，那时候的生活大概就叫幸福吧！一个商人家产上亿、豪车巨宅，过着灯红酒绿的生活，但他却觉得毫无人生乐趣。他怀念自己为5元钱而拉了一天煤车的日子，他觉得当年自己一身是汗、满脸黝黑，下班后买了一碗三角钱的面条吃得狼吞虎咽的日子，才是最幸福的……

以上这些，你也许并不记得。直到有一天，当你看到叔本华的一段话时，才明白为什么人们这样理解幸福。

叔本华说："生命的幸福与困厄，不在于降临的事情本身是苦是乐，而要看人是如何面对这些事情，我们感受幸福的强度如何"，"战胜别人得到的幸福不是真正的幸福。战胜自己得到的幸福才是真正的幸福。"有人也曾这样阐述过幸福的本质："人不仅为自己度过一生，而且要意识到与他接触的所有生命是一个整体，体验他们的命运，尽其所能地帮助他们，认为自己能获得的最大幸福就是拯救和促进生命。"而我们所要做的正如有人所说："不要回避灾难，应该正面迎击，这是青年人特有的本色。"

曾经有这样一个小女孩，她说她叫幸福，因为她很幸福。在她脸上微笑几乎随时可见。可是她却没有双手，两只手手肘以下的部位空荡荡、光秃秃……那是一次失火事件，无情的大火残忍地夺去了女孩的双手。可她却不像其他残疾人一样自卑，不像其他失去双手的兄弟姐妹一样用长长的衣袖遮住丑陋的双手。她仍然自信地穿着短袖，快乐地笑，认真在盛夏晴朗的夜里，让眼睛在夜空中驰骋。脚下有广袤的大地，头上有那么多连缀的星星，有那样深沉的夜色，生命从此不再游荡无依，不再支离破碎，更不会憔悴干枯。以广远为胸，以幸福为心，以最单纯的清澈为眼，还有什么不幸福？

在盛夏的夜里，用无数颗星丈量天地，用一颗星揣测生命和幸福。她怡然自得地坐在教室里学习……她用剩下的双肘学会了夹着笔写字，学会了骑自行车，学会了做饭洗衣，学会了所有正常人都应会做的事。有人问她："你失去了双手，你不难过吗？你还幸福吗？"她大声地说："我很幸福，因为我还活着！"这是经历过生死的人才能有的大彻大悟。这不是伪装出来的坚强，不是假装的微笑，这是真正发自内心的幸福。

小女孩简简单单的一句话便道出幸福的真谛：活着便是幸福！因为我们活着，所以我们还能感受幸福；因为我们活着，所以挫折并不能拦住我们，挫折并不等于痛苦。

我们活着，至少我们还能体会人生所赋予我们的挫折，哪怕是痛苦，我们也还能品尝到这生活所给我们的经历，这生活所教会我们的先苦后甜的经验。所以，只要我们活着，挫折便不再是痛苦，挫折便不再是挫折。

幸福心语

幸福是调制的味道醇香的葡萄酒，是含苞待放的鲜花，是一切值得我们争取并为之快乐的美好事物。如果你还年轻，如果你还不曾奋斗过，不曾体验过，不曾幻想过，那么就大胆地去追求人生的幸福吧！

欲望越小越幸福

现实生活中，我们每个人都是有欲望的，与生俱来的七情六欲，总是与我们的生命如影随形，无法规避。求生欲、求知欲、表达欲、表现欲、舒适欲、情欲，这六种欲望会以各种形式出现在我们的生活当中。虽然欲望很多，但各种欲望我们不可能同时实现。就如同当你只有一百块钱，可你需要在买一件你喜欢的裙子还是与朋友看一场电影之间做出选择。裙子，会满足你的表现欲，而电影则会满足你的舒适欲，而我们只能选择其一。

在欲望实现的先后顺序中，女人们还需要学会一件事，那就是将那些不必要的欲望关在门外。将每一次有限的可以实现的欲望的名额，留给那些真正可以让我们变得更好的欲望。"我觉得自己很不幸福，因为我周围的女伴不是比我有钱，就是比我更开心。""我觉得我的丈夫太没有上进心了，每天只局限于把自己的工作做好，从来不去想要闯一番大事业。""为什么在任何时候我都不能随心所欲地买我自己想要的东西？"很多女人经常这样抱怨，这样抱怨的女人其实都有一个共同点，那就是对生活的失望。而归根结底，她们失望的根源则是她们不断膨胀的欲望。

文萃最近和闺蜜抱怨，说她丈夫自从进了一个国企，在升到部门主管的职位以后，就安于现状，不思进取，还借口说是要把主管的职责做好。她还抱怨与婆婆的关系也变得越来越不好了。闺蜜对她的烦恼感到有些困惑。她说，做到部门主管的位置已经不错了，再往上升就是经理，肯定需要较长的一段时间，且这并非易事，做好目前的事情并没有什么不对。可文萍却认为丈夫本身就有胜任经理、总经理的能力，所以不应该在部门主管的位置上停留。而谈到对她婆婆的不满，文萍则说到，自从有了孩子以后，她们在教育孩子的问题上产生了很大分歧，晚上她想给三岁的儿子读故事，婆婆却坚持让孙子早点睡，理由是孩子太小，过早接受教育会使他失去很多快乐。闺蜜认为这是两代人不同的教育方式，谁都没有错，而且认为文萍根本没必要生气，既是婆婆，做媳妇的就应该对她尊重，没有哪个奶奶会害自己的孙子。即便有观点不一致的地方，也可以适当和婆婆沟通，无论如何也不应该让矛盾白热化。

最后闺蜜总结性地对文萍说："我觉得你烦恼最大的原因在于你太贪婪了，而且什么都希望能够达到最好。"文萍则认为自己并不是一个不知道满足和有虚荣心的人，对孩子的教育她也觉得没什么不对。闺蜜帮她分析说，其实贪婪也并不是说一定要在物质条件上达到某种程度，你的贪婪是在对地位、荣誉方面充满急切的渴望，当这种渴望得不到满足时，你就会不自觉地感到烦恼。你的丈夫并不是不进取，而是基于现实慢慢来。而婆婆与你对孩子的教导仅仅只是方式的不同，但都是对孩子好，如果你觉得你的教育方法更科学，完全可以采取和婆婆好好沟通的方式，把所谓的矛盾看淡，这些烦恼完全是可以避免的。听了闺蜜的劝导，文萍若有所思，在接下来的日子她也渐渐改变自己的心境，试着把一些事情看淡，慢慢地她觉得内心舒坦多了，而且家庭也变得更加温馨了。

我们每个心中都有欲望，但欲望却是可以选择的，我们可以将一些不必要的欲望关在门外。我们处在一个时刻都在抉择的人生当中，身处其中我们要面临形形色色的选择，有选择就有放弃。于欲望而言，我们要学会适当地放下，有时候适当地放下是一种更好的获得。

欲望是刺激女人上升的动力，也会成为让女人堕落的魔鬼。

我们需要一双慧眼，去辨识我们所面对的诱惑，因为这些欲望的得与失，都将会改变属于你自己的生活。

幸福就是好好过日子

心茹自打结婚以后便在心里轻轻地告诉自己，要幸福，每一天都要好好过。人生苦短，女人美丽的容颜更是昙花一现，时光在指尖悄悄地溜走，她觉得自己必须尽快抓住幸福。

心茹只想和他牵手到老，也许，幸福仅仅只是这刹那间的感觉吧。夜里，她静静地躺在床上，被呼噜声吵得翻来覆去睡不着。摸黑起来喝瓶牛奶，闲极无聊，打开电视，频繁的调台找寻比较喜欢的节目以便打发时间。她不想吵醒老公，他要按时上班，而自己的工作比较自由，可以睡足再起床。

电视的声音被她调得很低，以至于他的呼声都盖过了电视的声音，她要看着下方的字幕才不至于弄不清剧情。就这样平淡的夜，听着他忽大忽小的呼声，看着不知所云的电视节目，刹那间她却觉得无比幸福。

她怕黑，在他出差时，她的房间里一定要开着灯，开着电视才能睡着。没事都尽量不去客厅，要喝水或去洗手间都要鼓足半天勇气。只有老公在的时候，心茹才敢不开灯在房间里走动。哪怕他睡着，打着呼，她都会安心。

明明知道老公其实也不是胆大的人。心茹不在的时候，他也会把房门锁死，并且加个椅子堵住房间大门，床边还要在伸手就能触到的地方放一根铁棍。两个胆不大的人在一起却是无比的心安。

几年了，他们分开的日子不会超过一个月，彼此的呼吸都是那样的熟悉。也许，就像他说的，爱情渐渐淡了，取而代之的是亲情。一千多个日夜相伴，感觉已融入彼此骨血。听到老公的呼吸，心茹的心才会平稳地跳动；他快乐，心茹的烦恼也会被抛在脑后；他爱吃桔子，家里就天天有桔子；只要他喜欢吃的菜，心茹都想办法学习。

要知道，从小到大，心茹都是十指不沾阳春水的。在厨房做饭也仅限于在妈妈回头切葱时，帮她把锅里的菜翻炒两下。可是现在，老公说心茹会烧的菜都是他爱吃的，而她则引以为豪。给老公倒水喝，做饭，洗碗，为他添饭，削水果皮，像宠小孩一样宠他。他快乐，心茹就幸福。老公事业不顺的时候，心茹就安慰他，逗笑他；快乐的时候，她就陪他大笑；悲伤的时候，她就让他重开笑颜。

也有生气吵架的时候。每当此时，心茹会觉得老公一点都不爱她，什么事都没为她做过，这么多年唯一送的一次花还是喝醉酒的情况下。从不对她说"我爱你"，唯一说过的一次，也是在和别人吃完饭、喝醉后还要去KTV继续，打电话告诉她时顺带说的。之后，无论是她威逼、利诱、耍赖、撒娇都无济于事，就是不说。她老公记不得所有和情人有关的节日，从未让她有过意外的惊喜。在家除了擦他自己的皮鞋，基本什么家务都不做。

可是，在生气时被她贬的一文不值的老公，往往会在一个转身后又想起：每次过马路他都会在车来的那边，为她挡住滚滚车流；夜里会记得给她盖被子；无论她做什么，他都无条件地支持，即使她说要辞职，他说好；她说要开网店，他说好，并为她提供资金；她说要买房，他说好，然后到处借钱；心茹的生意做不好，烦闷地诉苦，他却告诉她，有无生意并不重要，只要她开心就好。他的工资卡一直在心茹身上，从不过问。

心茹收入低的时候，怕被家人问及。他会说，自己我老婆是要来花钱的，只要她觉得开心就好，不指望她赚什么钱的。每当此时，心茹就觉得自己是世界上最幸福的女人，她觉得自己只要拥有他，就拥有了一切。

很多女人一直觉得幸福很虚幻，看不见摸不着似的。可对于忍受饥饿的人来说，也许能吃一顿饱饭就是幸福；对于有些物质上很富有的人来说，也许倾其所有都不能让他幸福。也许，一直被我们所忽略的，就是幸福吧。不是缺少幸福，而是没有发现。

其实，对于幸福是每个人都有自己的体验。就好像《天龙八部》里的虚竹所说："我生平最快乐的地方，是在一个黑暗的冰窖里。"诚然，事业和社会成就、显赫的家族和体面的伴侣是幸福指数中重要的一部分，但最重要的依然是内心里的感受。我们曾经见过多少过着极其优越的生活却依然不快乐的男女。俗世的种种条件不过是幸福的条件之一，而自己的内心才是决定自己快乐与否的关键所在。

所以，一个女人全身心投入一份热爱的工作中就是一种幸福，全心全意的爱着一个男人也是一种幸福。能够明白自己想得到什么，并且愿意为之付出努力，这就是幸福的了。好好过日子，幸福就是这么简单。

幸福心语

dell heart
happiness

一个幸福的女人，可能是一个极其简单的女人。她的幸福也

许就仅仅是能吃饱、穿暖、守护着自己的家人这样简单的生活。

每个人对于幸福的追求不同，但请不要让强烈的欲望遮住了你的双眼，那样你会失去幸福，感觉不到它的存在。幸福就在你身边，它其实很简单，只要你知足，只要你愿意用心去靠近它。

HAPPINESS FOREVER

在取舍之间收获幸福

舍得，舍得，有舍才有得，先舍后得，多舍多得，不舍不得，舍即是得。这是一个看似很简单的道理，然而，要真正领悟其中的内涵并不容易，这里面渗透着人生的大哲理、大智慧。许多女人在爱情、婚姻、工作或生活中，有着天差地别的人生境遇，说穿了，症结就在于：懂不懂得、愿不愿意舍弃一些东西。要知道，勇于舍弃，你才能寻找到新的人生起跑点。

懂得取舍是一种智慧，是你获得幸福的保证。当我们无法改变一件事的时候，就要去接受它，去面对它，要拿得起，更要放得下。比如爱一个人的时候要放开去爱，你可以好好去爱，用心去爱；但如果不如意的事情发生了，就要勇敢地去接受它，果断地去放下它。

女人面对取舍时，往往有四种情况：拿不起，放得下；拿不起，放不下；拿得起，放不下；拿得起，放得下。只有拿得起又放得下，你才能成就最完美的人生。

相反，一个女人拿不起又放不下，或者拿得起却放不下，最终的结果往往是与怨妇结缘。保持理智不代表冷血无情，最重要的是女人在经历的过程中可以承受失败忍受痛苦，有享受美好事情的心境。拿得起却放不下的女人，只能做生活和情感的弱者，不懂舍弃的女人只适合做男人的附属品，对于搭

售陪衬的东西是没有人会在意的，男人有权利随意处置，犹犹豫豫畏畏缩缩的女人永远也把握不住近在咫尺的幸福，恨天恨地怨天尤人的女人只会令人越来越厌恶。

　　有两位闺蜜，一个叫芳菲，一个叫文妮，论家庭背景，论学识能力等，她们各方面条件都相当。求学时期，她们都是漂亮又有气质的"校花"。毕业后，凭着出色的工作能力，及过人的胆识和冲劲，在职场上，在事业中，她们一路过关斩将，均身居重要职位。当面临适婚年龄时，她们也同时选择和学生时代就相恋的男友走上红地毯。但对二人世界经营方式的选择使得结婚成了她们人生的最大分水岭。

　　结婚后的芳菲，尽管在工作上仍然全力以赴，可是她开始慢慢在工作形态和角色上转型，例如不再像以往那样经常出差，希望在公私时间分配上能取得一个平衡点。公余之时，她愿意随时为家庭、为老公、为孩子付出，贴心地打点家中的一切。她总能在两全其美的情况下兼顾工作、家庭。让一路走来的男友老公看在眼里，更是感谢，反倒贴心地支持芳菲。甚至芳菲曾放弃大好事业，完全为小孩付出两年，再重新出发。这不但未曾阻碍她事业的发展，反而因为彼此的信任、谅解化为一股最厚实的动力，让她和另一半均无后顾之忧地向前冲刺。

　　而婚后的文妮，情况却完全相反，她和老公是学生时代就热恋的情侣，那时彼此都是校园里的风云人物，所以老公也想尽力让她发挥。但共同生活毕竟和谈恋爱有很大的不同，原本生性较为内敛持重的老公，还颇能体谅文妮，并试图以一个成功女人背后的好男人自居。但是，文妮不但不领情，还渐渐嫌弃老公。而且，文妮还常常把在公司里的副总架势原封不动地打包回家，难得与另一半分享两人时光，总是横眉竖目、气势凌人，甭提做家务事了。文妮在事业上越是红火，在家里的气焰就越嚣张。最终，她老公提出了离婚，并在外面看上了一个顾家的女孩。文妮死活不同意离婚，因为她深爱着自己的老公的，实在放不下，但她老公离婚的决心已定，文妮苦苦哀求，最终未能如愿，在一个寂静的深夜，她自杀身亡。

以上这个事例中，如果文妮能像芳菲那样，懂得在家庭和事业上有所取舍，也不至于落得情感破裂的下场。而面对感情破裂时，如果她能放得下，也不至于走"自杀"这条路。仔细想想，在一个个大大小小的抉择面前，能否拿得起放得下，则会导致截然不同的人生。

拿得起是女人的胸襟，放得下是女人的睿智。失恋或者分手是大多数女人都会经历的，痛苦的感觉都是一样的，不要说你的爱情和别人不同，只是面对痛苦有的选择逃避不敢面对，而经历苦痛最终站起来的女人，才可以和幸福握手。

有时候，生活需要女人放弃很多东西，可能是财富、机遇或者感情。对于许多女人来说，生活的难题不是她们拿不起，而是她们放不下。从某种意义上讲，有些女人是贪心的，她们不愿意丢掉紧紧攥在手里的东西，但却又想拿起更多的东西，最后背负的包袱越来越沉重。聪明而富有智慧的女人都懂得，无论做什么事，拿得起是一种勇气，而放得下才是获得幸福的度量。

幸福心语

　　拿得起，放得下，是一个女人在生命里获得幸福的一则人生智慧。拿得起，是为人处世中的刚毅、自信和执着；放得下，是一种冷静、洒脱和胸怀。

HAPPINESS FOREVER

幸福的最好证明

人生的道路不会永远笔直平坦，其间有坎坷，有崎岖。我们无法预测灾难什么时候会降临，今天还阳光灿烂，或许明天就要面对阴霾重重。作为女人，即便你没有国色天香的美貌，但你有一颗坚强的心，就足以应对明天的风雨。你有追求安逸舒适生活的权利和能力，也一定有穿行困窘驱走阴霾的力量。这样的女人像一朵花，可以开在温暖的阳春四月，也可以在寒风中绽放最美的笑脸。

她没有金银珠宝的装饰，没有富丽堂皇的居室，甚至有时候一日三餐都有问题，但是她却能将生活烹调得有滋有味。

男人和女人结婚十多年了，每天，都能看到女人挎着篮子，里面装的是热腾腾的饭菜，给男人送饭，从未间断。只要男人在那儿，女人的午饭从不缺席……

男人是家中的老大，从小学习成绩就很优秀，村里所有人都认为这孩子将来一定有大出息，老师父母也因为有这样的学生、儿子而自豪。高考那年，家里的农田遇上了旱灾，几乎颗粒无收。看着爸妈愁苦的面容，看着还不太懂事的弟弟妹妹，他把刚刚收到的大学录取通知书烧了个精光。瞒着家人去

了外地打工，以此来贴补家用，供弟妹上学。然而一场事故让他永远失去了一条腿。灾难已成事实，生活还要继续。后来，附近县城的街道上就多了一个跛脚的修鞋匠。

对于一个老实本分的乡下人来说，这个修鞋的摊子就是他生活的全部希望。正是靠着每一针每一线的缝补，才慢慢积攒了把媳妇娶进家门的资本。善良敢于担当的男人一直认为能遇到同样善良而贤惠的女人，是天大的幸福。但是，由于自己的残疾而无法得到一份体面的工作，没有能力给女人一份富足的生活，让他一直心生愧疚。

这天，正是中国的情人节，七夕之日。男人在街头看着不同打扮的男男女女，抱着一束束的玫瑰，或者自己从未见过的巧克力，幸福地依偎前行。他忍不住叫住了刚好从身边经过的卖花的小姑娘，用那只沾满了油灰的手，颤抖着翻出了十块钱，买了一支鲜艳的玫瑰，然后藏在了身后的包里。

午饭的时间到了，女人像赴约一般如期到来。男人从背后拿出那支玫瑰，深情地送到女人眼前，说："这么多年来，不但没有让你过上什么好日子，反倒让你跟着我受罪……"

女人刹那间凝住了，嗫嚅地说道："花这钱干啥啊？只要我们在一起和和睦睦的，我就已经很高兴很满足了。"

女人跟着男人，没有享受过一天锦衣玉食的生活，或许在她内心深处也无法确切地描摹出"幸福"究竟是怎样的一个东西，但是十年如一日的恩爱，十年如一日地风里来雨里去的送饭历程，就是幸福的最好证明。男人的修鞋摊不仅是维持生活得以继续下去的来源，更修出了两个人坚贞的爱和温暖。还有那支玫瑰，不知道要用多少针多少线才能换来的十块钱，送到女人手中的不单单是那鲜亮的红色，更是夫妻两个笑对生活的见证。

我们相信，女人为男人做饭、送饭的路上，内心一定是快乐的，幸福的。

其实，幸福很简单，幸福不在于你此时的处境，而是你此时的心境。内心充满乐观阳光的你，纵然身处积雪覆盖的深山，也一定能看到蓬勃生长的绿色。

幸福心语

对于那些淹没于钢筋丛林都市里的女人们，或许也会在日复一日、巨大的压力中难以舒缓，但无论如何，抛却那种随波逐流的匆忙，就算是身处困境，也没什么大不了，问清楚自己究竟想要什么，做自己生活的主人，而不是困窘的奴隶。当你学会了苦中作乐、以苦为乐的活着，那么你的生活也终将被你烹饪得色香味俱全。即使生活有些困窘，也要坦然待之，别太纠结了。

Chapter Two

第二章

◎你若精彩，幸福自来

有追求的女人有着自己的人生梦想和目标，有属于自己的一方天地，有着独立的人格和个性。这种女人是那种在精神与物质上都丰富的女人，她在这个残酷的竞争世界里游刃有余，同时又没有失掉女人的妩媚与可爱。她从来不会坐等幸福的降临，她知道如何开创自己的幸福。她们是真正活的精彩的女人。

独立自主，做自己命运的主人

千百年来，无数女人孜孜追求着属于自己的幸福。那么，一个女人，如何才能获得真正的幸福呢？通过寻寻觅觅，我们终于找到了幸福的秘诀——独立。

独立是女人幸福的基石，有了这块基石，女人才能站得稳，站得牢靠而踏实。一个女人，只有独立才能赢得幸福人生。独立的女人才能算得上精品女人。独立的女人永远有广阔的心胸和高瞻远瞩的目光，她们没有临渊羡鱼而后让男人下水的情趣，但是她们懂得"退而结网"的道理，她们懂得用自己的双手规划自己的美好未来。

独立的女人在工作上、事业上有主见，不受他人摆布；在生活上有自己的圈子，不会因脱离男人而孤独。独立是一种很高的境界，它需要高素质的心态和全新的价值观。

独立的女人虽然没有小鸟依人的可爱，楚楚动人、惹人怜爱的眼眸，但她风风火火的行事作风，敢作敢为的勇气，同样也有让人眼前一亮的风采。独立的女人虽然没有温室花朵娇艳的外表，但她是一株站立在山间临风摇曳的野菊花，在风雨霜露之中，总是披着墨绿色的外衣，顶着淡紫色，并且拥有美丽的心情，迎着凉爽的秋风唱着属于自己的幸福之歌。

如果你想做一个幸福女人的话，那就独立吧。事实证明，只有独立才能为你赢得幸福。

在《蜗居》剧中，有两位亲生姐妹，一个是姐姐郭海萍，一个是妹妹郭海藻。

姐姐郭海萍为了能在大都市立足，含辛茹苦求学，竭尽全力工作，获得了一个白领身份。郭海萍其实就是当下无数追求独立的女人的影子：大学毕业后，为求有一个安稳的居所，有一套属于自己的房子，有一个顾家的老公，有一个可爱的孩子，她呆在大城市，省吃俭用，努力工作，还经常无偿加班，受老板的气，眼看着飙升的房价，只得蜗居于陋室里，感叹老公不会发财。虽然日子过得很辛苦，但是也很充实、很快乐。她和老公有着自己的奋斗目标，并且在不断努力着，她没有去靠谁，而是一步一步地踏踏实实地往前走。最后，郭海萍创办了自己的学校，开始了幸福的生活，曾经的辛苦对她来说已是一种美好的回忆。

而她的妹妹郭海藻，一副表面天真可人的形象，在工作中偶然遇见市长秘书宋思明，事实上，她挺希望自己嫁给这样的男人，但最后不得不心甘情愿地做了他的"小三"，拿着宋思明给她的钱挥霍，不用辛劳工作，就可以享受至上的物质生活。这种生活，郭海藻很享受、很满足，她觉得和宋思明在一起才是她要的生活。不可否认，郭海藻对宋思明是有一点好感的，但如果宋思明只是一个普通员工，而非剧中的高官，不是出手大方，也不是很多事一个电话就能解决的人物，那么郭海藻还会跟他有染吗？郭海藻之所以和宋思明在一起，其实是依赖心理在作怪，是自己贪图享受，不想辛苦劳作，她用女人一贯的依赖，抹杀了一个人应有的独立，用肉体去偿还情债。可最后呢？宋思明因为贪污将要绳之以法时，在去医院的路上出了车祸，离开了人世。他留给郭海藻的是什么呢？是深深的反思，是"一切重新开始"的生活，是余生沉重的伤痛，是精神上和肉体上无法弥补的重重伤害。

剧中的郭海藻既没有做到物质独立，也没有做到精神独立，因此在做"小三"的日子里，她离幸福越来越远了。而郭海萍踏踏实实工作，辛辛苦苦挣钱，她的爱情是甜蜜的，她的人生是充实的，她通过自己的努力追求到了属于自己的幸福。每一个女人都应该有自己的力量，都应该依赖自己的力量去活，只有独立你才能获得真正的幸福。

女人的独立既包括物质上的独立，又包括精神上的独立。这种独立不是世俗意义上那种"女强人"的不可一世的特立独行，而是拥有自己的经济来源、生活空间和内心感受。

那么，一个女人，如何才能做到真正的独立呢？这需要你做到以下两点：

第一，物质独立。一个女人，只有在物质上获得独立，才会有持久而恒远的幸福。物质独立需要女人有一份稳定的工作和一份稳定的收入。工作是女人的护身符，可以给女人带来安身活命的保障。没有工作的女人，不仅无法获取经济独立，更容易与社会脱轨，整天围绕那些家庭琐碎小事，眼光容易变得短浅世俗，心胸变得狭窄，特别是与男人的地位会一天比一天拉大差距，最终难以交流和沟通。幸福的女人必须有一份能够养活自己的工作，有足够让自己生存的经济来源，幻想靠男人养活一生的女人，十有八九很难得到真正的幸福。

第二，精神独立。相对于物质独立来说，女人的精神独立更为重要，因为女人不能仅仅活在物质中，更要活在精神里。女人的精神是无比神秘和无比丰富的诱人世界，女人精神的独立是对自己的确认。当女人的精神世界被

别人支配时，这个女人就会十分悲哀。要知道，女人不是男人的附属品，女人应该有自己独立的思想、独立的人格和独立的情感。

总之，独立是女人幸福的保证，只有独立才能赢得幸福人生。一个女人，没有独立，就失去了幸福的基石。一个在物质上和精神上获得独立的女人，才是最幸福的女人。

幸福心语

独立能力，是女人应该具备的基本能力。一个女人，要想获得真正的幸福，就要在富有的时候不浮夸，贫穷的时候不寒酸，经济上有自己的一份收入，精神上有自己的爱好、追求和交往圈子。女人随时要有能力保证自己的生存，要让自己思想独立、人格独立和情感独立。这样，不管人生中出现何种变故，你都不至于让自己的生活质量一落千丈。

女人要懂得自我欣赏

萧然一直热衷于对事业的追求，最近，她发现自己与丈夫的距离已经那么遥远。丈夫最近的行踪很神秘，对自己的态度也很冷淡，偶尔还会夜不归宿。这些对于结婚十五年了的萧然来说，无疑是拉响了婚姻警报。

他们的女儿已经上中学了，她选择的那所学校是可以住校的。而他们夫妻俩也都有自己的工作要忙，于是，一家人只能在周末的时候才能团聚。萧然不再把大部分时间花在工作上，也开始暗地里留意丈夫的行踪。

终于有一天，她知道了丈夫的秘密。那是个周五的傍晚，提前结束工作的萧然比平时早一个小时回到家。在门口的拐弯处，拿出钱包正要付打车费的萧然，恰好瞧见丈夫的车慢慢从家门口驶了出去，好奇心唆使她叮嘱出租车司机跟了上去。

丈夫的车停在了西餐厅门口的停车场，人则进了那家西餐厅，萧然也紧跟着下车走了进去。令人震惊的一幕出现了，丈夫正与一个比自己年轻的女孩子约会，那女孩儿的年龄看起来还不到二十五岁。

萧然还是不愿意相信自己的眼睛，她强迫自己先镇定下来，找了离他们较近的不起眼的位置坐下。也许丈夫此时并不是自己心里想的那样呢？也许他们正在谈是工作上的事情呢？萧然的心里五味杂陈。但他们像所有情人间

的那种亲昵的表情和温情的话语，让她陷入了近乎崩溃的边缘。

丈夫竟然在与自己结婚十五年以后背叛了自己，但她没有像其他女人那样暴跳如雷。虽然自己很生气，也很愤怒。但还是在丈夫发现自己之前，冷静地离开了西餐厅。她还不想捅破这层窗户纸，她觉得丈夫还没有绝情到舍弃家庭的地步。

回到家的萧然陷入了痛苦的情绪中。很显然，丈夫出轨的情况不是一天两天的时间造成的。萧然觉得造成这种情况，自己有很大一部分责任。她总是忙碌于事业，对丈夫的关注与体贴太少了。尤其是女儿住校以后，她几乎把所有的热情都投入到了工作当中，与丈夫沟通的时间少得可怜。

她决定挽回自己的婚姻，挽回他们这么多年的感情。她不再那么狂热地对待工作，拿出一定的时间修饰自己，操持家务。偶尔还会打电话给丈夫让他下班后早点回家，然后自己再奉上一顿烛光晚餐，享受一下他们的二人世界。虽然她知道丈夫的心，一部分已经分给了别的女人。但她对自己很自信，她知道自己的魅力在哪里，也会巧妙地去运用它。

虽然岁月的年轮在她脸上多多少少留下了一些痕迹，但她从不认为自己已经人老珠黄。她很欣赏自己这个年龄当中所散发出来的气质和成熟女人才有的韵味。

丈夫也感应到了她最近的改变，欣喜的同时也伴着惆怅不安。萧然并没有期望他的心这么快就能回到她的身上，毕竟这种情况也不是一日的荒芜造成的。她继续用她爱的行动去感化丈夫。周末的时候，一家三人会去大海边走一走，去大自然里野炊，让浓浓亲情的味道时常萦绕在丈夫身边。她知道女儿是维系这个家的很重要的一条纽带，这一点是毋庸置疑的，她坚信丈夫对女儿的爱。

在一个星光闪烁着的夜晚，丈夫终于忍不住对萧然和盘托出了自己移情别恋的事情。但他说自己和那个女孩儿并没有发展到肉体上的出轨。萧然说自己早就知道这件事情了，并对自己以前对丈夫的冷落作了检讨，说自己以后会好好体贴他，好好维护他们的这个家。

丈夫感到很羞愧，想不到自己的妻子会这样宽宏大量地对待自己出轨的事情，他主动与女孩提出了分手。萧然就这样不声不响地拉回了丈夫即将偏离方向的心，保住了一个要破裂的家。是她的自信、她的修养赢得了这场胜利。这样的女人才是一个真正有品位的、懂得自我欣赏的女人。

懂得欣赏自己的女人是一个非常自信的女人，她的身上会飘出独特的香味。它是一种浓情女人味，一种淡淡女人香。外表漂亮的女人不一定有这种味道，有味道的女人却一定很美，因为她懂得"万绿丛中一点红，动人春色不需多"的规则。具有自信的女人会凭借自己的一举一动，一颦一笑之优势，尽现自身独特的魅力。

英国作家毛姆说："世界上没有丑女人，只有些不懂得如何使自己看起来美丽的女人。"现代女性早已抛弃了旧观念，学会了在忙碌与优雅中积极地生活。女人的真正魅力不在于赶时髦，而是其内在修养。通过修养打造一个气质不凡的自我，通过读书学习培养一种远离庸俗的品位，因为气质修养才是女人永恒的化妆品。

我们知道再名贵的菜，它自己本身是没有那么美味的。必须加入各种调料和葱姜等作料才能做出让人难忘的滋味来。所以，女人也是这样，妆要淡妆，话要少说，笑要可掬，爱要执著。无论在什么样的场合，都要好好地"烹饪"自己，使自己秀色可餐，暗香浮动。

自我欣赏绝不是自恋，它是由理智、客观地对自己的认识、了解的基础上引发出来的自信。而这种自信心会使女人在为人处事上从容大度，不陷入世俗的漩涡中。

得体的装扮，优雅的举止，丰富的见识，这些无一不透出女人高贵的气质和个人魅力。能正确欣赏自我的女人，大多受过良好的教育，聪明灵慧，她们出类拔萃既不会盲目自卑，更不会盲目自大。

懂得自我欣赏的女人光彩照人，落落大方，但灿烂的笑里仍有一股凛然高贵的气息，让男人们仰慕的同时又有些敬畏。

女人要自我欣赏，但绝不能自以为是，盲目自我崇拜，那样比自卑的女人更可怕。说到底，优雅高贵的女人最重要的一条是由内而外散发的文化气质。一个完整的高贵女人，仅仅拥有外表的高贵是远远不够的，它更需要坚实的文化修养做后盾。现在，受过高等教育的女人越来越多，但那么几年的高等教育不等于可以吃一辈子老底。社会知识更新越来越快，如果不及时加强营养，你很快就会变成一个营养不良的"枯萎了"的女人。

摄取营养的方式多种多样，不只是单纯地看书、学习。比如浏览网页、与人交流，欣赏一部出名的电影，经常翻阅一些出色的时尚杂志，学学交际和各种乐器等等。只有不断提高自身的素质，女人才能在炫丽的生活中游刃有余，潇洒自如。生活也将因此更加丰富多彩。

做一个会欣赏自己的女人吧！这样的女人会更加进步，更加自信，也更有魅力。

幸福心语

　　有的人活着仅仅只会欣赏别人，而不会欣赏自己，其实自己也和别人一样，有着属于自己的一片风景与天空，寒来暑往，甚至还有别人所未曾拥有过的一朵花，一阵鸟鸣……欣赏一下自己吧！此时的你就会发现，天空一样高远，大地一样宽广，平凡的你也有属于自己美丽的风景。正如书上说的"人生就像一幅画，而时间就像是画笔，当你走一步，时间就在你身上画一道色彩，等你走完了一生，一幅绚丽的风景也就制作成功了"。

HAPPINESS FOREVER

自信是女人的最大资本

英国的赫伯特曾经说过："只要心中充满自信，没有一件不能做的事。本领加信心是一支战无不胜的军队。"而在这个充满物欲和浮躁气息的社会里，自信在不经意间成了一种奢侈品，尤其是对于女人！

自信是成功人士所具有的优秀品质。而自信对于女人来说，更是一种不可言喻的美，这种美来自于各个方面；如果把单纯的外表漂亮的女人定位为美丽，那是一种肤浅的想法，女人真正的美丽源于自信。

自信的女人，不一定有倾国倾城之容，不一定有沉鱼落雁之貌，甚至可能相貌平平，但是，因为有那份自信，瞬间就变得娇艳动人，优雅高贵。因而，无论在什么地方什么时间，她们都会成为万众瞩目的焦点，人们眼中的耀眼明星，而且永远不会因为容颜的老去失去光彩。

自信的女人，走路的时候总是昂首阔步，用沉着坦然的表情向人们传达一种美丽的气质。自信的女人，不同于那些容貌出众、才华杰出、家财万贯、权倾一时的自负女人；也不同于目空一切、高高凌驾于众人之上、仗着自己的优势，不肯轻易向凡间俗物略微低头，给人一种望而生畏的自负女人。自信的女人，因为自信而多了平和，多了宽容，多了礼貌，多了和颜悦色，因而，众人眼中的她，犹如圣母玛利亚般，易于交谈、易于接近，因而愿意亲近。

自信的女人，无论家庭、事业、交际，都能一帆风顺。自信的女人，不会学那些为赋诗词强说愁的小女人，也不会学那些无事生非的多嘴妇，整天无所事事，借助其他一些无聊的事情来消磨自己的青春；相反，她们目光长远，对自己有充足的信心。经营家庭，她们游刃有余，可以处理好与父母、子女、丈夫之间的各项事务，能经常带给家人一些惊喜，以使自己的家庭幸福美满；经营爱情，她们绝对是男人眼中的温柔女人，体贴妻子，给予男人的默默支持，会让在外奋战的男人感到前所未有的放松，既而更加信任她们；经营友情，她们是最好的良友，会在朋友最需要帮助的时候，报以微笑，用心倾听朋友心中的苦痛，援之以手，给以最真诚的关怀和帮助。即使偶尔出现挫折打击，她们总能轻巧化去，一举手、一投足间，便能让事情向着有利于她们的方向转去。

但这不是说自信的女人就是女强人。女强人的雷厉风行不可一世总使人敬而远之。而自信的女人或者刚强，或者柔弱，或者中性，但都使人易于接近、喜欢接近。她们刚强时，会非常豪爽，用一份洒脱和坦率使你心悦诚服；柔弱时，往往会让人如沐春风，有种怜香惜玉的感觉，继而心甘情愿地任她"摆布"。

自信的女人，懂得她最需要的是什么。荣华富贵不能使她们折服，金银首饰不能使其开颜，香车别墅不能让她们动容，弱水三千，她只取自己想要的，那是她们的睿智所在。所以，自信的女人，从来没有绯闻惹身，因为她们本来就洁身自爱，感情专一。

自信的女人，时常会是众人信任和赏识的对象，所以有时也许会疲惫不堪，但是聪明自信的她们总是可以找到更好的办法，在最短的时间内处理好各种问题，给大家带去更大的惊喜。

自信的女人，不一定拥有的丰厚的物质财富，但是，她却拥有一份富可敌国的精神财富——自信，这是一份属于自己的永恒的财富，别人夺不走，像

美丽的光环，照耀她，使她散发出更加迷人的魅力。

中央电视台的一个公益广告给很多人留下了深刻的印象：冬日的早晨，一个喜欢跳舞的农家女孩推开篱笆，在白雪漫天飞舞的山寨中翩翩起舞。她梦想着在真正的大舞台上尽情展示她那优美的舞姿……最终，她从山寨中的空地上跳上了城市的大舞台，从一人独舞到与万人共舞……那句经典的广告语让人分外感动："每个人心中都有属于自己的舞台。心有多大，舞台就有多大。"

"心有多大，舞台就有多大"，其实这就是一种乐观的生活态度。人生就是一个舞台，你能取得多大的成就，取决于你自信的程度。

真正自信的女人不会因为相貌平平而感到羞愧，不会因为年龄的增长而自卑，不会因为增加了一道皱纹而烦恼。自信的女人无论是在生活中还是在工作中都容易取得更大的成功。

吴士宏，她的人生充满了坎坷和艰辛，也充满了自信和坚强。她原本只是北京椿树医院一个只有初中文凭的小护士，1985年通过自学英语进入IBM公司任勤杂工，然而她凭借个人非凡的努力，不断改变着命运，到1997年已经成为IBM公司中国销售渠道总经理，1998年吴士宏出任微软（中国）公司总经理，1999年6月辞职。在IBM、微软两个外企帝国14年白领生涯之后，吴士宏于1999年10月出任大型国企TCL信息产业集团总裁，更把本已很传奇的故事推向了新的高潮。

吴士宏从一个未受过正规高等教育、没有任何背景的普通年轻女子，到IBM、微软两个巨型跨国公司的地区负责人，她的成功，除了缘于过人的胆识、聪颖的头脑，还跟她的自信有着密切的关系。

参加 IBM 的面试时，吴士宏初生牛犊不怕虎，经理问她："你知道 IBM 是家怎样的公司吗？""很抱歉，我不清楚。"吴士宏实话实说。"那你怎么知道你有资格来 IBM 工作？""你不用我，又怎能知道我没有资格？"吴士宏脱口而出，这话自信十足。她接着继续用英语说，她以前的同事和领导都相信她有能力做更多的事，她说能通过自学考试就是能力的证明，如果给她机会，她会证实自己的能力和资格的，IBM 公司或是别的公司如果用她一定不会后悔的。就这样，她被告知：下周一上班！"天生我材必有用。"吴士宏充满自信的言语给予主考官的是一种信任和认同感。

吴士宏的成功经历，就如同中国版的"灰姑娘"，但拯救这个灰姑娘的不是王子，而是她自己。

对于任何一个女人来说，幸运都不是天赐的，一切都要靠自己。也许你各方面的条件并不优越，但你没有理由自卑。如果你的心中埋藏着自信的种子，那么，总有一天，你也会和打工皇后吴士宏一样，收获属于自己的丰硕果实。

吴士宏的成功神话告诉我们，自信是一种财富，女人如果能利用这笔属于自己的财富，不断地挑战自我、战胜自我，那么任何困难都将变得微不足道。

幸福心语
dull heart happiness

自信可以让女人拥有一种具有震慑力的向心引力。不管你的外表是否真的漂亮，只要你有自信，就拥有了美丽；只要你有自信，

就拥有了人生的价值；只要你有自信，就拥有了成功；只要你有自信，就拥有了完美；只要你有自信，就拥有了所有……

HAPPINESS FOREVER

坚强是一种风雨中的美丽

在普遍的印象中，女性面对挫折时总是爱流眼泪，而男人有泪却从不轻弹。男人的坚强与女人的柔弱似乎是天生的。事实真的是这样吗？综观人生百态，我们发现，在面对困难时，女人通常更能表现出超乎寻常的坚韧！

的确，男人比女人镇定。当山崩于前、雷震于顶的时候，男人可能面不改色，而女人早已喊出了声。所以人们就有了一种错觉：男人似乎比女人坚强。男人的坚强如铁，是一种刚性的坚强，而铁是会生锈的，岁月的磨难会让这块铁锈蚀得面目全非，以至于小小的压力就会让他折服。女人的坚强似水，是一种柔性的坚强，耐挤耐压，能伸能屈，可高可低，可进可退。激扬可以劈山开路，摧枯拉朽；滋润可以垒石成山，滴水穿石，化育万物。水的坚强是内在的，但更有长性，更可依赖。君不见，多少个濒临破碎的家庭不是就靠一个坚强的女人勉力支撑吗？男人的坚强似乎是社会性的，而女人的坚强似乎与生俱来。男人在经历磨难之后或许能变得坚强，而女人在磨难中就能显现坚韧的内力。

坚强来自于性格中的韧性，而女性性格中的韧性明显强于男性。虽然也有很多女性在挫折前颓然而败，但女性更习惯于用外在的语言和行为去释放自己内心的压力，尔后承担苦难的勇气却有增无减。而男性大多是情绪内敛

的动物，苦撑一个坚强的假象，内心却如惊弓之鸟不堪一击。很多男人经营失利后，常常选择坠楼去告慰钱财的付之东流，大概便是佐证吧！

女人不是软弱的，而是柔韧的！她们也许不会掩饰自己面对伤痛的情绪，但是当她们流过眼泪，开始踏上新的征程的时候，结束的是懦弱，开始的却是罕有的坚强。

女人的坚强也许不会像男人那样有英雄气概、惊天动地，但是在巨大的人生灾难面前，她们往往比男人更加坚强和出色。经历过风雨的女人，坚强可以使她们更从容地面对生活。像美丽的蝴蝶破茧而出，战胜了生命中的痛苦之后，绽放出令世界倾倒的光芒。

被誉为"美国报业第一夫人"的凯瑟琳·格雷厄姆虽出身豪门，家境殷实，丈夫菲利普·格雷厄姆接手凯瑟琳的家族产业《华盛顿邮报》后，凯瑟琳只是相夫教子，过着全职家庭主妇的生活。也许，生活一直这样下去的话，她可能会平凡到老。但这一切都随丈夫的自杀随之东流，当时的凯瑟琳已经46岁。

丈夫的离去让她还没来得及释放完悲伤，《华盛顿邮报》的领导工作就已经降临在了她的头上，她不得不主持大局。此时，所有的人几乎都不看好这个毫无业务经验的家庭主妇。可是苦难却激发了凯瑟琳的潜能，临危受命变得坚强刚毅起来，坚定执著地将摆在她面前的难题一个一个地解决，同时在她卓越的管理之下，报社逐渐步入正轨，渐入佳境。而后来她主持报道的"水门事件"，更使得《华盛顿邮报》一鸣惊人，并直接导致了尼克松总统的下台。而在困境中依然坚强的凯瑟琳·格雷厄姆最终也因"报"而荣，因"报"而富，被称为"新闻界最有权势的女人"，她也是当时被公认的魅力女人。

没有哪个女人一生一帆风顺。苦难与困境并不可怕，因为，女人的坚强是一种品性，是千锤百炼磨砺出来的结果，坚强是每一个人在不幸与失意时支撑身心的精神柱梁。生活中的不如意乃至不幸，正是因为有了坚强，一切才变成了风雨之后的彩虹，绚丽夺目。

幸福心语

女人的人生如海，潮起潮落，既有春风得意、马鸣萧萧、高潮迭起的快乐，又有万念俱灰、惆怅漠然的凄苦。如果把女人的人生旅途描绘成图，那一定是高低起伏的曲线，而保持着微笑的表情，在面对困境的时候依然执着地向前，就是一个敢于挑战人生的魅力女人。

用内涵获得爱与幸福

时间可以扫去女人青春的红颜，却扫不去女人经历岁月的积淀之后，才焕发出来的美丽。这份真正的美丽就是女人的内涵、修养与智慧，她就像秋天里弥漫的果香一样，由内而外的散发出来……

一个有内涵的女人不会随岁月的流逝而失去光泽，却会越发显得耀眼迷人。

内涵是女人美丽不可缺少的养分，是充满自信的干练，是情感丰盈的独立，是在得到与失去之间心理的平衡。

内涵使女人在一生中都会散发出无穷的魅力。是一生取之不尽的巨大财富，是伴随你一生永远亮丽的风景线。

在繁花似锦里，看她们笑颜如花，优雅脱俗，星光闪烁，对俗尘是那么行云流水，举重若轻。戴安娜王妃的柔韧与慈悲；伊丽莎白·泰勒对艺术的激情对公益事业的热爱，她会说自己会活到 110 岁，即使到那时也仍然爱人、仍被人爱，虽然她结过 8 次婚；希拉里，在得知爱人克林顿的私情时，没有像常人一样喋喋不休、纠缠不休，甚至离婚，她仍在优雅地读艾略特的诗歌、欣赏毕加索的绘画。希拉里优雅的心境，终于赢得恩典的降临；张曼玉，她始终热爱爱情，在岁月与镜头里不断地修炼自己，从恋爱中不断地进化，终于成为光彩熠熠的女人；徐静蕾的书卷气，既古典又浪漫，有一点梦幻，有一点倔强，有一点恬淡，千般聪慧，万种风情……

没有哪个女人不想成为有内涵的女人，而许多人又常苦于找不到方法，或抱怨缺乏应有的条件而信心不足。

内涵，真那么难吗？其实，做有内涵的女人并不难，不需要很高的条件，秘诀是从身边的小处做起。没有过度的装饰，也不流于简单随便，坚持独立与自信，热情与上进。由中国红变成亮眼蓝的羽西曾言：快乐就是成功。她说人在可以站着的时候，就一定要坚持站着，而且还要保持着漂亮的样子，这是对自己的尊重，也是对别人的尊重。女人要保持自己的优雅。

内涵是一种感觉，这感觉更多的来源于丰富的内心，智慧，博爱，还有理性与感性的完美结合。

内涵还包括一个女性对美独到的见解和追求。倘若整日衣冠不整，不修边幅，无论怎样也是同优雅联系不上的。所以优雅的女人，她的着装永远都是不张扬而富有格调，那感觉就像静静地聆听苏格兰风笛，清清远远而又沁人心脾。

内涵是一种智慧，是一个女人才华与知识的体现。女性的智慧甚过容颜，因为心智不衰，它超越青春，因而智慧永驻。当女人拥有丰富知识的时候，就是她与仅仅拥有小聪明小伎俩的市井女人有质的区别的时候。

培根有句名言："知识就是力量。"面对不断变革的新形势和日趋激烈的竞争，女人要想不落后于时代，就要勇于用"知识改变命运"。"物竞天择，适者生存"，这是竞争的法则。实践证明，现代社会竞争的实质，从根本上说是人的素质的竞争。面对无可回避的机遇与挑战，谁故步自封，不思进取，不学无术，谁就难免落伍甚至会被淘汰。只有用知识武装了头脑，与时俱进，才更容易成功，并让自己看起来更有超凡脱俗的美。

高尔基说过："知识如人体血液一样的宝贵。人缺少血液，身体就要衰弱。人缺少知识，头脑就要枯竭。"文化知识浅薄的人，不管外形多么美丽，充其量只是躯壳。因此，聪明的女性应在知识、智力、才能、品格、性情、涵养及道德情操方面多加努力，多下工夫，不断修炼，做到庄子所说："德有所长而形有所忘。"内心丑而徒具其表者，使人厌恶。即使相貌平平，衣着简朴，但心灵高尚，也同样会以自己的气质、才干和仪表给人以美的印象。

知识不仅影响着一个人的深度，更是心灵丰富的标志。知识与才智是双胞胎，知识的基础过于薄弱，就不会有智慧的闪光。学识越渊博，才智越高，越是风度翩翩。

年轻人帕雷丝无论到哪里都能受到别人的重用，她换了好几个工作，每一个几乎都做到了顶层，在行业里出类拔萃。每次，她要辞职的时候，老板总会极力挽留他。

"你怎么这么出色呢？"有朋友问她。

帕雷丝回答："很多人成功靠的是勤奋，有的人靠的是运气，还有的人靠的是聪明，我认为最可靠的就是能力。因为你有能力与才华，你才能得到你想要的一切。"

"可是……"朋友有点疑惑。

"你是说我的魅力吗？"帕雷丝问道。

"是的，我觉得你有魅力，所以更容易得到别人的认可和青睐。"

"不可否认，这是一方面。但这绝不是全部。如果公司只看一个人的魅力，可以找个模特。公司是用来赚钱的，你认为他们仅仅需要一个花瓶吗？"

是的，魅力固然重要，但一定要与才华结合起来。否则，这种魅力没有任何意义。

女人拥有一副漂亮的外表自然是值得庆幸的事，但这并不代表女人就拥有了才华，就提高了内涵。外貌漂亮的确会吸引他人眼光，占据了一种抢先的优势。而能否产生持久的魅力，是否值得他人去品味，就要画上一个问号了。

外表再美丽的"包装"，也只不过是一种身外的饰物，只有用知识武装了女人的头脑，你才真正拥有了一笔受用一生的财富。

知识女性如今已成为城市的一道亮丽的风景，她们活跃于各行各业中。知识，使女性令人尊重，她们追求人生的自我完善，讲究精神的富足和生活的高品位，不以位卑而自卑，不以权重而自傲，做人有规，做事有节，时时处处都以最合乎人性的标准为谋生谋事的基础，寻求人生的最具人性的发展途径。

假如每个女人都是飞入人间的精灵，知识打造的智慧就是她飞来飞去的翅膀。女人的蕙兰之气在知性中袅袅绽放，女性最美丽的灵光——智慧也在生活中与日俱增。

任何一个女人都需要生命的成长，这种成长既表现在生理、心理的逐渐成熟，也体现在知识的丰富、才华的卓越上。从这个意义上说，女人拥有了知识，也就拥有了一种超越自我的手段。

有内涵的女人又是懂得爱的女人，她爱自己，爱丈夫，爱老人，爱孩子，爱朋友，爱同事，爱工作，更加知道如何去爱生活。她明白男人需要爱，有时是理解，有时是关怀，有时是温柔，有时是刁蛮，有时是平淡，有时是火的热烈，有时是水的柔情。优雅的女人，情感是细腻丰富且理智的，和她相处的人会在彷徨、矛盾的时候被指明一条道路，从而卸下包袱。

如果说女人似水，那么有内涵的女人就可以水滴石穿，用智慧获得爱与幸福。

幸福心语

有内涵的女人的气质像竹，亭亭玉立高贵脱俗，即使是身着一袭布衣，你也会从简单朴质的外表下捕捉到这种不凡的感觉。女人要有充实的内涵和丰富的文化底蕴，这是除了外表之外的境界。

HAPPINESS FOREVER

风度飘逸，做优雅女人

女人的优雅是什么？优雅是一种内在气质，优雅是一种风度，也是一个人独特的风格，更是一种对待生活的态度。它是不经意间一种淡定的沉思，蓦然间一个善意的眼神，回首时一脸浅浅的笑容。

女人的优雅是一种由内而外散发的迷人味道，举手投足间显露着成熟女人曼妙的气息。优雅不是先天的，它是游离于人体表面的一种气息。一个优雅的女人，心静如水，弹指间尽是芳华，这是岁月的磨砺孕育出的由内及外的气质。优雅的女人有一点含蓄，安静得如同处子，回环往复的是一颗优雅的心。

优雅是一种感觉，这感觉更多地来源于丰富的内心、智慧、博爱，还有理性与感性的完美结合。优雅由生活的态度所决定。优雅是装不出来的，华丽的外表也许不会出卖你，但是言谈举止及思想能决定你是否属于优雅一类。

《花样年华》中的张曼玉，有一点妩媚，一点娇羞，她着一身曼妙的旗袍，迈着轻盈的步伐，在巷口留一串修长的背影，昏黄街灯下一张透彻迷茫的脸，这样的场景无数次在重复，重复一种轮回，这仿佛是一种无尽的优雅，那故事又仿佛没有结局。

优雅的种类很多，比如举止的优雅、谈吐的优雅、服饰的优雅，还包括

生活艺术等其他方面。当然，一个真正优雅的女人在许多方面都是优雅的。一个女人如果说话像泼妇一样，或者走路漫不经心，那么再精心设计的服装也会失去效果。

优雅是一种和谐，它非常类似于美丽，只不过美丽是上天的恩赐，而优雅则是艺术的产物。优雅从文化的陶冶中产生，也在文化的陶冶中发展。这种优雅，可以成为女人成功的砝码，使人举止落落大方；后者形之于别致之美，使人风格独具。

优雅别致的女人像一幅难以描摹的画，它是一种独特的气质和风度。一个女人可以有华服装扮的魅力，可以有姿容美丽的魅力，也可以有仪态万方的魅力，但却不一定有优雅的风度。具有优雅风度的女人，绝对是最出色的女人。

优雅别致不是矫揉造作，更不是炫耀自己的展品，它是一种自然的流露，它是魅力在不经意间被外化的形态。端庄的举止，款款的信步。女人可以没有绝世之美，但这样的女人极具迷人的持久魅力。举手投足间的自信，情调别致的装束，早已为她写下了这样的词句：你是一个优雅别致的女人。

优雅的女人，可以没有惊艳的容貌，但不能没有清新淡雅的妆容；可以没有模特的形体，但不能没有匀称的身材；可以没有优越家境的熏陶，但绝对不能没有闲适恬淡的处世态度，不能没有忍耐、理解和宽容。

幸福心语

　　世上最能倾倒众生的不是女人青春的美丽，而是如清风明月一样的飘逸、如清水芙蓉一样优雅的风度，这样的女人最有吸引力。她们优雅的风度像无形的精灵，悄悄潜入人们的心灵，即使她在不起眼的地方悄无声息地站立，人们也还会感受到她的一个眼神、一句话语、一个动作、一抹微笑散发出的优雅万分。

HAPPINESS FOREVER

教养是女人永恒的资本

对一个女人而言，什么才是最重要的？靓丽的外表、过硬的学历、无数的财富……靓丽的外表总能给你以美的享受，但这只是表面功夫，经不起时间的考验；无数的财富总能让女人买到普通人难以享受的高档品，但是一身名牌最多让人们承认你很阔绰，而不会觉得你尊贵。

不要以为脂粉涂饰的外表，就能遮掩住一切性格和人格中不好的东西。修养的高低与好坏，会给人以充分的感受：是温文尔雅，还是谦卑忍让；对人是不温不火，还是不卑不亢……一个人若是没有修养，那将是很可怕的事，尤其对女人而言，简直不可想象。因为女人一旦失去修养，就会变得不可理喻，而有修养的女人永远都是潇洒从容、举止得体、优雅大方，不管是顾盼神飞，还是举手投足，都让人心生怜爱与敬佩。这样的女人，才是受众人欢迎的女人！那么教养指的是什么呢？

教养不是随心所欲，唯我独尊，而是善待他人，善待自己，认真地关注他人，真诚地倾听他人，真实地感受他人。尊重他人，就是尊重自己。真正的教养来源于一颗热爱自己、热爱他人的心灵。"己所不欲，勿施于人"，是对教养最好的诠释。

富有教养是道德美的表现，它会随着岁月的流逝、心灵的净化而日益显示出光华。有些女人看上去十分美丽，但言语粗俗、行为粗鲁，往往令男人望而却步；相反，那些相貌平常，但言谈举止富有修养的女人常常能赢得人们的心。

一位美国中年主妇察觉到自己的丈夫经常在家里夸奖他的女助手，这让本来很自信的她也开始怀疑起自己的魅力来。心想自己已经是年老色衰，而丈夫的助手一定年轻貌美。于是她开始频繁地进出美容院，往返于各大商场之间，每天描眉画眼、梳妆打扮，最后听人介绍竟做了美容手术。

尽管这样，丈夫却对她的精心装扮视若无睹，仍旧每天大谈他的那位助手。终于妻子沉不住气了，试探着开始打听女助手的背景。或许是看出了妻子的心思，丈夫邀请妻子一同去探望那位助手。谁知一见之下，妻子竟大为吃惊。因为女助手既不年轻也不漂亮，是一位头发已经开始花白、身材发福的中年妇女。但妻子也感觉到她在言谈举止中分明透露出来的聪慧、自信、乐观和机智，周围的人无不受到她的感染，甚至这位妻子也抵抗不了她的魅力，十分急切地想和她交个朋友。通过这件事，这位妻子明白，言谈举止赋予一个女人的魅力是任何华服和美容术都无可比拟的。

有教养的女人静若幽兰，芬芳四溢。时间可以扫去女人的红颜，却扫不去女人经过岁月的积淀而由内到外焕发出来的美丽。这份美丽就是女人经过岁月的洗礼而成就的修养与智慧，就像秋天里弥漫的果香一样。有教养的女人像潺潺溪水，浸润周围的人。有教养的女人充满自信的干练，充满情感的丰盈与独立，懂得在得到与失去之间找到平衡。修养与智慧让女人在不同的时刻呈现出不同的状态，一生散发着无穷的魅力。英国政治家柴斯特菲尔德说："一个人只要自身有教养，不管别人举止多么不适当，都不能伤害他一根毫毛。

他自然就给人一种凛然不可侵犯的尊严，会受到所有人的尊重。一个没有教养的人，容易让人生出鄙视的心理。"

既然教养对女人很重要，那么女人该如何提高自身的修养呢？一般而言，琴、棋、书、画是提高女人修养的最好方式。因为这四者中，无论哪种，其本身都蕴含着极其浓厚的文化底蕴。女人学琴，自然得平心静气，内外一心，才能体悟到那高山流水之音；学棋时，那质朴的黑白世界更是容不得三心二意，必须专心致志；而没有宽博的胸怀与平淡的心境，如何领略王右军的线条流畅，张旭的豪情挥洒；没有恬淡的心，又如何理解齐白石的浅水虾戏？

不过，由于琴棋书画要求有一定的时间和精力，有时更要求一种良好的天赋，不入门者很难窥探其中之奥妙，故而对不少现代都市女性而言略有难度。

所以，女性朋友们应多注意一些生活中的小细节，从一点一滴做起，逐步提升自己的修养：

1. 不说粗话

一直以来，我们都要求女士在说话的时候一定要文雅，不能说粗话。但是现代的一些新新女性，在人格特质和行为上都喜欢效仿男性，而有的男性说话时常常讲一些粗话，这也成了她们模仿的对象。于是在女性中出现了牙尖嘴利的粗口一族。其实，一个妩媚的女士如果讲出粗话来，就像一条天鹅绒晚礼服被沾上油渍一样让人感觉不舒服。所以，身为女性，一定要讲究文明礼貌用语，一句粗话会让一个穿着端庄、容貌秀丽的女士形象顷刻之间大打折扣，让人忘记了她所有美好的东西而只记住这句粗话。

2. 对别人递过来的名片要重视

与人初次见面，对方递过来名片，你连看都不看一眼装入衣兜或随便一放，对方肯定内心不悦。正确的方法是，双手将名片接过，用不少于 30 秒的时间从头到尾看一遍，并客气地向对方道一声"谢谢"。这样对方内心肯定会有一种被人重视的优越感，也为下面的沟通营造良好的氛围。

3. 倾听

有教养的女士从来不会只顾自己滔滔不绝，适当地倾听，才更显女性魅力。倾听的时候，要保持良好的精神状态，不能心不在焉，更不能东张西望，谈话时，应善于运用自己的姿态、表情、插入语和感叹词。诸如微笑、点头等，都会使谈话更加融洽，同时应注意配合对方的语气表述自己的意见。

4. 尊重别人

要尊重每个人。一个人无论从事什么样的工作，只要他有付出，为社会作贡献，那么他就理应受到我们的尊重。

5. 不在公共场合大声说话

公共场合人多，大声喧哗会引人侧目，这不是因对方看你漂亮而夸奖你，而是因你打扰了大家对你表示不满意甚至厌恶。所以，一个有教养的女士要顾及别人的存在，不大声喧哗是对别人的礼貌。

幸福心语

教养是一种习惯的积累，一种涵养的综合。如果教养是花，智慧则是不可或缺的养分。智慧之于女人是博爱与宽容，是充满自信的风采，是情感的丰盈与独立，更是不计较得失的平衡心态。女人有了教养，那么所有的大门都会向她敞开。

走自己的路，幸福就在前方

意大利著名诗人但丁有句风靡全球的话说："走自己的路，让别人去说吧。"这句名言至今仍是许多人的座右铭，它深深感染了不少有主见的人，成了他们的人生准则。在追寻幸福的道路上，我们也应该这样做。如果你认定一件事能给你带来幸福，你就应该坚持自己的路。

人生漫漫长路，确实，走自己的路有时并不容易，因为有时会来自外界的或大或小的干扰和阻挠。当面临抉择的时候，你会坚持走自己的路，不在意别人的反对和目光吗？还是在别人的反对和目光下将自己的选择扼杀，再倾于别人的认可？我想，一个有主见的女人绝不会这样做，因为她知道，如果自己选择的路是正确的，能给自己带来无穷无尽的真正的幸福生活，就不能偏离自己的意愿而行，否则，幸福就会离自己越来越远。

有一位名叫小婧的女孩，她很喜欢唱歌，有着很好的音乐天赋，她的梦想是到一所学校当音乐教师。然而，她的父母却不同意，认为女孩子唱歌没出息，不能拿唱歌当饭吃。于是，就帮她在朋友的企业找了一份经理助理工作。整天收收发发、接打电话、安排经理日常工作等繁杂事务让小婧十分反感。从此，她的生活中没有了歌声。她在那家单位干了几年，除了每天多一些烦恼外，也没有做出什么大的成就来。

小婧和一名大学同学相互爱慕，真心相恋三年，到了谈婚论嫁的年龄，她父母才知道男方家里很穷，根本买不起房子，甚至连聘礼都少得可怜。她的父母认为，选择这样一个没有家庭背景、家底经济条件又极差的男人，幸福会没有保障，于是，强烈反对他们在一起。小婧连反抗都没有反抗就顺从了父母，和那个与她相爱的男人分了手。后来，小婧又恋爱了，刚刚发展半年的爱情还算顺利，然而，当她把对方领到家中让父母参谋时，父母却以对方是个外地人、女儿将来会嫁得太远为由再一次拆散了他们。之后，小婧再也没兴趣谈恋爱了。眼看着30出头成了"剩女"，她父母都着急了，于是托媒人给女儿物色了一个"如意郎君"。对方是本地人，父亲是电子企业老总，母亲是工程师，家庭条件可谓好得没得说。在媒人和父母的撮合下，小婧与那个男人结了婚。

可是，小婧婚后并不幸福，她不但要忍受着丈夫在外面有情人的事实，还常常遭受家庭暴力。女儿出生时，丈夫正在外面和情人搞得难舍难分。平时，她得不到丈夫的一点关爱和温暖，一个人在家照顾女儿，最后她的丈夫连生活费都不愿意给她了。

小婧伤心欲绝，开始反思自己的人生，她认为自己在工作和爱情、婚姻上太没有主见了，如果当初坚持走自己的路，就算父母强烈反对，也应该努力争取一下，至少不会后悔什么。她开始觉醒了，她想到了离婚。她把这个想法告诉了父母，父母对她说："离婚是件丢人的事，离婚后大家怎么看你？"小婧说："我不管那么多，我只想走自己的路。当初如果不是听从了你们的话，会落得今天这个地步吗？"

小婧不顾父母的反对离了婚。离婚后，一直等她的那位大学同学又找到

了她，和她结为连理。这位大学同学已经是一家企业的副总，他对小婧十分体贴，还帮她开了一家饰品店。每天，他都接送小婧的女儿上学。他们一家三口生活在幸福的海洋里……

小婧的故事告诉我们：走自己的路，幸福就在前方。当你的思想被别人所左右，不能坚持走自己的路时，你也许就偏离了幸福的轨道。

我们本是为自己而活，每个女人都不例外。人生的幸福之路也应该由自己去走、去开拓、去创造、去充实。生活原本没有漂亮的外壳，因为我们才披上了各种颜色。有些人顺从地活着，也有些人苟且偷生地活着，还有些人坦荡地活着。面对幸福，我们应该敢于正视，在人生道路上，我们必须排除干扰，坚定地按照既定的方向前进，走属于自己的幸福之路，如果前面没有路，也要勇敢地为自己闯出一条来，争取自己想要的东西或属于自己的东西。

总之，任何一个女人，当你想拥有幸福或为幸福而战时，请合理地选一条适合自己的路走，让别人说去吧。既然这是自己所选的路，就不要去管别人说三道四了。不论这条路多么曲折崎岖，也不论路上有多少障碍，我们还是要一直走下去，因为这条路是我们自己的，我们的脚应该稳稳实实坦然地踏在属于自己的路上。记住：走自己的路，让别人说去吧！

幸福心语

dait heart
happiness

在我们的一生中，也许有很多事，无论你怎么做，都会有人不喜欢，都会有人反对，都会有人冷嘲热讽。所以，永远不要单纯为了博得别人喜欢或认可，也不要由于怕被别人非议和嘲笑，而不去做那些在你看来很正确的给你幸福的事情。是否做一件事，要看这件事客观上是否真的应该去做、值得去做。当确认了一条路正确的情况下，你就应该坚定不渝地走下去。

HAPPINESS FOREVER

Chapter Three

第三章

◎幸福是一种善的修行

幸福，是一场善的修行。人生有爱就有温暖，就有阳光，就有幸福；爱很简单，是付出，是无怨，在心中，在眼前，在整个人生，在整个世间。一颗善良的心，一种爱人的性情，一种坦率、诚恳、忠厚的精神，让女人成了人间最美的天使。

幸福是人生互换的智慧

有人曾说，幸福是人生互赠的礼物，是一种互换的生活智慧，这话说得一点不错。如果我们怀着一颗真诚的心去感激对方，那么对方也会同样从内心里感激你、回报你。

有人曾说："我们所有的人都应培养的一个习惯，就是在我们遇到的每一个人身上寻找可以赞赏的东西，这样做，我们就可以成为乐于赏识他人的人。每个人都会为此而感到愉快。它促进了人际关系的和谐，它使人们有了新的勇气去面对困难，它使每个人的长处都能得到发挥。因此，尽量去慷慨地表示赞赏，你绝不会后悔的。"

在日本，有个女人名叫佐伦敦子。她十几岁时就很渴望到美国去。对于美国的生活，她所知道的大部分是从教科书中读到的。

后来，佐伦敦子终于如愿以偿地到美国加州去读大学。可是，她到达美国以后，发现那个国家和她想象中的美好世界完全不一样。"人人都在竭力应付各种问题，似乎常常都精神紧张，"她说，"我感到很孤寂。"

在各学科之中，她觉得体育最难应付。"我们打排球，"她说，"其他同学都打得很好，就我不行。"

有一天下午，教练指定由左伦敦子负责把球传给队友扣杀过网。对大多数人来说，这没什么困难，但是左伦敦子很惊慌，她怕自己因做不好而受人讪笑。

有个男同学察觉到了她心里的担忧，便走到她面前，轻声说："放心。你应付得了的。"

"这句鼓励的话给我的感受，其他人是永远都不会了解的。只是区区几个字：'你应付得了的'，而我真是开心得想哭。"

她在那一节课终于过了关。六年后，左伦敦子二十七岁，回到日本去做售货员。她始终没有忘记那几个字。每当遇到困难时，她就会想起它们。

她肯定那个男同学完全不知道他的那点好意对她的意义之大。"他大概不记得这件事了。"她说。

左伦敦子如今在日本常东奔西走地帮助他人。她仍经常记起"你应付得了的"这句简单的话，她一直对于这个男同学心存感激，因为这一句话对她来说，缔造了她后半生的幸福。

有时候连最简单的话也会产生极深远的影响。在我们日常的交往中，要用真诚的心去感激别人，这样能拉近心与心之间的距离，形成一种良好的人际关系。在通常情况下，人们内心所想的东西，即使不用嘴说出来，不用笔写出来，也能凭"心领神会"被对方觉察体会出来，这或许是"心理暗示"或"心电感应"的作用。假如你对对方有厌恶之情，尽管你没有说出来，但是由于你的这种心理的支配，你多少会露出一些"蛛丝马迹"，被对方捕捉住，或被对方体察出来，不久，他对你也会产生坏印象。

美国著名心理学家威廉·詹姆斯在著书期间生病住院。那个时候，有位朋友送给他一束花，还有一张写着感谢的卡片。詹姆斯在回函中写道："从你给我的礼物中，我想起了我在书中忘了写的事。"詹姆斯想要说的是，他在书中忘了写上："人性最深处——渴望被人感谢。"

如果你向对方道谢，对方就会觉得被人爱着，被人所认可和期待着，自然会认为自己很重要。

看看一些就业调查报告，你就会发现对工作不满的原因中，感激不足比其他原因占更大的比率。再看看一些婚姻调查报告，我们同样可以看到，不幸的婚姻最大的原因在于——无法表达感激的心情。因此，要想和周围的人融洽地相处，就必须牢记要时时心存感激。

一天晚上，太太问丈夫："喂！亲爱的，如果我死了，你一定会花很多钱买花给我吧？"

"那当然了，亲爱的，你为什么要问这种问题呢？"

"到那时候，即使花一火车的钱买花给我送葬，对我来说也是一点儿用处都没有，不是吗？但如果在我还活着时候，偶尔送我一束小花，那对我不是很有意义的事吗？"

这位妻子的话不就充分表现出你身旁的许多人心中的渴望了吗？"偶尔送一束小花"，不正可以给人们带来喜悦和无限的希望吗？在日常生活交往中，如果我们也有这种心情，这种想法，懂得赞赏别人，感激别人，那么我们就能把幸福传给他人。

幸福心语

　　幸福是一种互换的智慧，这跟照镜子是一样的，你对它皱眉头，它也对你皱眉头，你对它露出笑脸，它也还你一张同样的笑脸。如果我们怀着一颗真诚的心去生活，生活也同样会给我们幸福的回报。

HAPPINESS FOREVER

善良是女人生命中的宝石

德国音乐家贝多芬曾说："我愿证明，凡是行为善良与高尚的人，定能因之而担当患难。"这让我们相信，一个善良的女人，必定是一个能够与丈夫同舟共济，患难与共的人，这样的女人，没有理由得不到丈夫的真爱，也没有理由得不到幸福的眷顾。

什么是善良？汉典里这样解释："纯真温厚，没有恶意。"汉典还进一步解释："和善，心地好。亦指和善而不怀恶意的人。"这让我们明白，善良的心，其实是纯洁的、真诚的、温柔的、敦厚的、友好的。无用过多解释，讲一件真人真事你自然就会理解它的含义。

在某小区，赵阿姨是大家公认的"大好人"。小区里一位80多岁的老爷爷经常向其他几位阿姨说："你们赵大嫂可是个大好人啊！要是没有她，他们一家子还不知道怎么过下去呢。"他说得没错，赵阿姨可是家中的顶梁柱。

赵阿姨的丈夫46岁得了偏瘫，经过多次治疗，身体渐渐好转，但有一条腿不能正常走路了。赵阿姨有两个儿子，大儿子在外地工作，二儿子从小就是脑瘫，如今已经20多岁了。赵阿姨每天都精心照顾着丈夫和儿子。

小区里也有人会问："赵阿姨，您每天照顾丈夫和儿子累不累？您有没

有埋怨过命运？"赵阿姨总是和蔼地说："哪能不累啊？要说埋怨，也不是没有，我有时会觉得上天对我很不公。可有啥法子啊？我总不能扔下他们父子俩不管吧？做人是要讲点良心的，人坏了良心迟早会遭报应的。"

这就是赵阿姨，她让我们真正懂得了善良的含义。你可能并不相信"善有善报，恶有恶报，不是不报，而是时间未到"的因果报应理论，但是你一定会相信，一个心地善良的女人，无论何时都能经得起灵魂的拷问，无论何时都能做到无愧于心。

在婚姻中，当灾难降临时，当疾病来袭时，当不幸造访时，当危机登门时，当贫穷缠身时，善良的女人总能做到与爱人患难与共，对爱人不离不弃。男人娶了这样的女人，绝对是这一生中最明智的选择。

善良的女人也是有福的，因为心眼好的女人在以慈悲之心对待别人时，自己是开心的，自己是觉得幸福的；而她的善良，又会为她迎来丈夫的好感和真爱。

有一位叫小松的男子，外表英俊，才智过人，善于交际，事业有成。这样一位成功男士自然会吸引不少年轻女孩的眼球。有一个刚刚 20 岁出头的女孩，对他可谓一见钟情。该女孩花容月貌，聪明灵巧，曾多次寻找机会向小松表明心迹。小松也曾多次婉言拒绝。但碍于面子，他没有拒绝和她交往。经过一段时间的了解，小松发现那女孩身上的确有很多吸引他的地方，再加上女孩的热烈追求，慢慢地，他陷入了感情的漩涡。之后，他们有了进一步的亲密接触。再后来，小松内心挣扎了很久，但他知道长痛不如短痛，他最终决定离婚，然后和那个女孩在一起。

他特意向单位请了两天假，要回家和妻子小晴说明一切。他刚刚跨进家门，妻子就迫不及待地拥抱了他，然后高兴地大声喊："婆婆，小松回来了！"妻子赶忙拉他去他妈妈的房间。他发现妈妈躺在床上，床头放了很多药。还没等他开口问，妻子说话了："妈妈病了，得了胆结石，前几天我带她去医院做了手术，昨天刚出院。"小松说："这么大的事怎么不告诉我？"妻子说："知道你忙，走不开，就没有告诉你。其实妈妈也不想耽误你工作。"他惭愧地低下了头，心中对妻子充满了感激。

晚上，快到休息的时候，妻子在卧室里铺床，他悄悄地走到她身边，想了很久的话终于有时间说了，可他吞吞吐吐的，竟不知如何开口。他低着头，停了很久，才低声说："其实，我，这次回来，是，是，是想和你说离婚的事的。"妻子一听，立马怔住了，低着头，沉默了好久，然后她问："外面有人了？"他点点头。她没有拒绝，只求他一件事，她说："你需要出差，妈妈没人照顾，妈妈的病还没有完全康复，让我再照顾她一个月好吗？等妈妈病全好了，我再和你去办手续。"他答应了。他们过了一个非常平静的夜晚。

第二天一早，他就返回了分公司。

妻子并没有向婆婆提起离婚的事，而是像往常一样照顾她。一日三餐，做好了给她端送；早上给她端洗脸水洗脸，晚上给她端洗脚水洗脚；按时让她服药；一有空闲就给她按摩；还一次又一次地小心地搀扶她去卫生间……她细心地照料着婆婆，没有一点怨言。当她的妹妹知道她丈夫要和她离婚，她还像往常一样照顾婆婆时，把她数落了一番："姐，你太善良了，善良得有点愚蠢！你傻不傻？他都不要你了，你还管他妈干吗？她是死是活已和你没关系了。既然他不仁，你也可以不义；既然他负你，你也不必为他着想。"妻子却说："她是我婆婆，我们朝夕相处了这么久，我不能扔下她不管，我

79

过不了自己的良心。"

一个月后，小松回来了，他看到妈妈完全恢复了健康，心里甭提多高兴了。吃晚饭的时候，妈妈对他说："小松，你这辈子很幸运，娶了一个好妻子。这一个多月来，要是没有小晴的细心照料，我的病恐怕不会这么快就好了。"接着，妈妈一五一十地向他讲起了小晴是如何细心照顾她的。听了这些，小松离婚的决心动摇了。

晚饭后，他回到房间，又是两个人面对面。可这次他再没有提离婚的事，而是紧紧地拥抱着她，忏悔地说："是我错了，你才是这辈子最值得我爱的人。你有一颗善良的心，这是一颗金子般的心，我希望我这一生都拥有这颗心。"当夜，他当着妻子的面和那位女孩打电话："谢谢你的爱，你很漂亮，也很优秀，相信你一定会遇到比我更出色的伴侣。"

就这样，他的心，他的人，都重新回到了妻子那里。

是啊，有哪个男人会忍心抛弃一个善良的女人呢？我听过这样一个传说，上帝用三种材料创造了三种人：最好的人是用金子做成的，次好的人是用银子做成的，而一般的人则是用铜和铁做成的。当然，做一个女人就要做最好的那一种——金子做成的人。因为，金子做成的人拥有一颗金子般的心，金子般的心是善良女人的心，这样的女人奉献给丈夫和家庭的都是真心和情义。无论婚姻中遭遇多少不幸和变故，善良的女人都不忍心去伤害别人，都会用一种心平气和的慈善的态度去对待一切，这最终会让丈夫迷途知返。

善良的女人也许并没有想过善良的行为能挽救自己的婚姻；善良的女人也许并没有想过善良的行为能赢得丈夫的真爱，但善良的行为的确做到了这些。

　　善良，是做好太太的首要标准。古代帝王之家选太子妃，其标准就是"相貌端庄，宅心仁厚"。宅心仁厚指的就是善良。可想而知，这样的女人做了皇后才能母仪天下，恩泽百姓。试想，一个没有善良之心的女人做了皇后会怎样呢？肯定是视百姓如草芥，视别人如蝼蚁。这样的女人心是黑的，杀人不眨眼，不但会误国，还会误家。其实，就算不进帝王家，做平常百姓的妻子也需要一颗善良的心。这样的女人才会以和善的情怀对待家人，照顾家人。这样的女人不会怨恨生活带给自己的种种坎坷，而会用她诚挚而坚强的心去应对家庭的不如意，这好比是清晨的露水滴入濒死的草木，让枯萎的生命瞬间得到滋润，重新焕发光彩。

　　善良是一种美德，是女人生命的宝石。一个女人，拥有善良时，她就是美丽的天使。否则，即使她再漂亮，再有才能，再聪明，如果具有一颗邪恶的心，虚情假意、工于心计，爱报复，爱伤人，她也就无法获得丈夫始终如一的爱，她的婚姻也不会幸福。

　　善良是纯洁无瑕的，因为善良需要人有真诚的心灵；任何虚伪的谎言都无法在善良面前现身，因为善良是神圣不可侵犯的；善良的女人都有一颗为别人着想的心。一个女人，要为自己而活，但首先要对婚姻、对生活、对家人善良，这样的女人才是男人心中的女神。

幸福心语

dali heart
happiness

　　善良的女人就如一部名著，开卷有益，百读不厌。善良的女

人就如一首名曲，美妙动听，韵味无穷。善良的女人心地像小河，潺潺清流，清澈见底。

HAPPINESS FOREVER

心怀感恩，感激身边美好的一切

所谓感恩，这是我们每个人所与生俱来的本性，它是深藏于我们内心的一种优秀品质，也是一种人们感激他人对自己所施的恩惠并设法报答的内在心理需求。

众所周知，感恩节最初始于美国。1621 年的秋天，远涉重洋来到美洲的英国移民为了感谢上帝赐予的丰收和印第安人的帮助，举行了三天狂欢活动。从此这一习俗就延续下来，并风行各地。

后来，在 1863 年，林肯总统把感恩节正式宣布为美国的法定假日。因此，美国人每逢 11 月的第四个星期四都要隆重庆祝一番。这一天，全家人围坐在餐桌旁，面对有火鸡、南瓜派的丰盛大餐，进行餐前祈祷和感恩。这时，每个人都会怀着感激之情细说值得他们感恩的事。

感恩既是一种美好的品质，更是一种人们对美好生活的追求。简单地说，感恩就是去感谢恩人，这是一种生活态度。怀着感恩的心，感恩面前一切美好的事物，那么生命便会创造出一份人间奇迹。

每个人都需要拥有一颗感恩的心。你感恩生活，生活将赐予你灿烂阳光。你只知怨天尤人，最终可能一无所有。有研究表明，在正面激励因素中，感恩被认为是培养道德良知、增强人格魅力和提升成长力量的最好催化剂。感

恩之心驱使下的人有别于常人，他们执著而无私，博爱而善良，敬业而忠诚，富有责任感和使命感。一个不知感恩的人，是素质不全面的人；一个缺乏感恩的集体，是没有凝聚力、向心力、战斗力的集体；一个抛弃感恩的社会，是充满尔虞我诈、假冒伪劣、没有安全感的社会。懂得感恩的人，总是对社会、对集体、对他人充满感激，并且将这种感激转化成刻苦学习、勤奋工作、孝敬父母、奉献社会的实际行动。

一个生活贫困的男孩为了积攒学费，挨家挨户地推销商品。他的推销进行得很不顺利，傍晚时他疲惫万分，饥饿难耐，绝望地想放弃一切。走投无路的他敲开一扇门，希望主人能给他一杯水。开门的是一位美丽的年轻女子，她笑着递给了他一杯浓浓的热牛奶。男孩和着眼泪把它喝了下去，从此对人生重新鼓起了勇气。许多年后，他成了一位著名的外科大夫。一天，一位病情严重的妇女被转到了那位著名的外科大夫所在的医院。大夫顺利地为妇女做完手术，救了她的命。无意中，大夫发现那位妇女正是多年前在他饥寒交迫时给过他那杯热牛奶的年轻女子！他决定悄悄地为她做点什么。一直为昂贵的手术费发愁的那位妇女硬着头皮办理出院手续时，在手术费用单上看到的是这样七个字：手术费：一杯牛奶。作为回报，外科医生免除了那个女人的手术费。因为一杯牛奶使医生在孤独无助时获得春天般的温暖，使他在万念俱灰时看到了希望，使他会在迷茫之中找到曙光。

感恩是一种境界，感恩的人，经常想的是自己应该如何奉献；不懂感恩的人，经常想的是别人欠自己，如何去索取。学会感恩，这是立身做人的要求。感恩不同于一般的知恩图报，而是跳出狭隘的视野，追求健全的人格，坚定崇高的信仰，树立远大的理想。不但关心自我，注重个性发展，更关心他人、社会、国家、民族和人类的进步事业。感恩需要砥砺德行，自觉培养良好的道德和高尚的情操。不仅学会如何做事，更要学会如何做人。

多数婚姻或家庭中出现的最大问题在于有人觉得被牺牲，或是不被感激。可悲的是，我们大多习惯与家人在一起，却忘了家人也需要彼此感恩。我们大都认为对方做这些事是理所当然的，父母子女之间是如此，夫妻之间更是如此。

我们的父母都很辛苦，他们牺牲了休息日照顾着自己的孙子，但是我却很少听见年轻的夫妇对他们父母表达过一点谢意，他们的态度往往是："他们应该做这些事，因为他们是爷爷、奶奶呀！"我们很容易忘了每个人都需要被感恩，即使是祖父母也不例外。

懂得感恩的家庭无论是精神还是肉体都会紧密地联系在一起，家庭的每一位成员都知道自己的价值，知道如何感激对方。丈夫和妻子彼此感激，彼此欣赏，子女感恩家庭给予温暖，感恩父母的养育，感恩父母给了我们一个温馨的家庭。

能够拥有一个家，一个能够休息的地方，一个能为我们遮风挡雨的地方，这是多么值得庆幸的事情。我们的生命在这里得到呵护，得到温暖，得到爱意，可是我们是否仔细留心过我们的家庭的变化，我们对自己的家庭是否心存感激？只要机会出现了，或是出现一种暗示需要你表达感恩时，我们就弯下腰来，努力表达。要经常说："谢谢！"而且发自内心。如果我们有了这种感恩的心情，那么，我们就可以使自己的家庭变得更加美满。

首先，我们应该感谢父母给我们创造了一个家庭，给了我们生命，我们能够拥有现在的一切，都是家庭赐予的。

其次，我们应该感谢自己的伴侣，是我们一起营建了一个家，给我们的生活带来希望，带来我们的孩子，有孩子就有了家庭的感觉，我们在这个家庭中有了成熟的感觉，使我们有了一种自豪感，一种责任感。

再次，应该感激我们的孩子，孩子给我们的家庭带来了活力，带来了生命的未来，使我们的生命得到延续，我们的所有快乐与满足都是孩子与我们生活在一起产生的。

对家庭心存感恩，就能够使家庭保持快乐、美满，而且这种感恩要每天表现出来，让你的家人都能够感觉到

拥有一颗感恩的心，你会快乐永存，会使你更好地通向成功之路，会让你的人生旅途一帆风顺。无论何时，无论何地我们都应拥有一颗感恩的心。每时每刻的我们都很幸运。感恩于朋友，给我们的友谊，让我们的生命旅程不再孤单；感恩于挫折，让我们在一次次失败中吸取教训，变得坚强；感恩于坎坷，让我们在不断完善自己中前行……就像罗斯福那样，在困境中依旧心存感恩之心。

要拥有一颗感恩的心并不难。只要你会对阳光雨露的美有所感悟，只要你对七彩绚丽的人生有一些感激，只要你对父母的养育之恩有所感动，只要你对所有人对你的爱有一丝体会，只要你面对挫折有几分乐观，只要你面对挫折毫不气馁，只要你让爱的阳光永驻于心，你便拥有一颗感恩的心。

拥有一颗感恩的心，我们才懂得去孝敬父母。

拥有一颗感恩的心，我们才懂得去尊敬师长。

拥有一颗感恩的心，我们才懂得去关心，帮助他人。

拥有一颗感恩的心，我们就会勤奋学习，真爱自己。

拥有一颗感恩的心，我们就能学会包容，赢得真爱，赢得友谊。

千万不要小瞧这颗感恩的心，它是你茫茫大海中的指向标，是你通向成功彼岸的风帆……拥有了感恩的心，你就拥有了一切。天地之间，万物有情，但凡生命，草芥也好，林木也好，海河也好，疆土也好，鱼兽也好，只要是动的，只要是思想着的，都过来吧，让我们永怀一颗感恩的心，不为什么，只为所接纳的和所给予的——恩赐。

幸福心语

拥有一颗感恩的心，我们就会拥有快乐，拥有幸福。我们就会明白事理更快的长大，我们就能够拥有一个美好未来。常怀一颗感恩的心，可以使我们活的更充沛；常怀一颗感恩的心，可以使我们活得更有力量；常怀一颗感恩的心，可以使我们活得更有价值。

学会分享，幸福只会越分越多

古龙曾说过："快乐不是件奇怪的东西，绝不因为你分给了别人而减少。有时你分给别人的越多，自己得到的也就越多。"幸福与快乐其实是一样的，当你自己幸福的时候，将幸福与大家分享、传播出去，你将得到更多的幸福。

如果你拥有一个苹果，跟别人交换后，你拥有的依然是一个。如果你有一份幸福，跟别人交换以后，你得到的就是两份幸福。

我们都只不过是凡尘中人，能够改变我们这些凡夫俗子人生的往往不是豪言壮语、香车别墅而是幸福的点滴分享。与别人分享幸福的喜悦，不但是给别人干涸的土地灌溉了甘泉，而且是给自己的内心增添了一种色彩。

人在分享幸福的时候会品尝到双方的甜蜜，让分享到的幸福成为久久萦绕在心头的美妙滋味。每一次的分享，无论是对方还是自己都会有新的人生感悟和幸福启示，这种人生的感悟和启示会化作对自身的帮助，促使我们迅速成长并破茧成蝶。

两个小女孩是邻居，虽然近在咫尺，她们却互不相识。生性活泼的孩子都很想结识对方，一同玩耍，可是用什么办法来接近对方呢？冒昧地闯过去未免有些唐突。

小女孩 A 向妈妈说出了心中的困惑，妈妈微笑着说："你最爱的东西是什么？只要你肯拿出你最喜欢的东西和别人一同去玩，其他人肯定会乐于和你交朋友的。"

小女孩 A 听了妈妈的话后赶忙跑到自己的卧室里，抱起了心爱的洋娃娃跑去找小女孩 B 一同分享。刚跑到家门口，就看到小女孩 B 手捧着糖果怯生生地对她说："这是我最喜欢吃的糖果，我特意拿过来和你一起吃，你愿意做我的朋友吗？"

小女孩 A 使劲地点点头，并且高举手中的洋娃娃说："这是我最爱的玩具，和你一起玩，让我们成为好朋友吧！"

小女孩 B 开心地笑了。于是两个小孩共同分享着糖果和玩具，玩得不亦乐乎，她们成了真正的朋友。

我们在分享幸福的时候可以收获更多的朋友。薄伽丘说过："友谊是慷慨、荣誉的最贤惠的母亲，是感激和仁慈的姐妹，是憎恨和贪婪的死敌；它时时刻刻都准备舍己为人，而且完全出于自愿，不用他人恳求。"现在的社会中，一个人需要用朋友来缓解压力，释放心情，可是朋友是难能可贵的，怎样才能拥有更多的友情呢？分享幸福就是一条捷径。懂得分享幸福的人真诚善良，通过与别人交流幸福来维护真情，巩固情谊。

小夏和小秋是一对无话不谈的好朋友，她们经常在一起分享幸福和快乐。

"你知道吗？我最近发现练习瑜伽可以陶冶情操、减轻压力，我几乎每天下班都去练习一会儿，练完后我会发现整个人神清气爽，无论做家务还是干工作都信心百倍，力气十足。"小夏满脸兴奋地对着小秋说。

"真的啊？我一直想找一个适合我的运动项目，这下可好了，我明天就去报瑜伽班。"小秋为终于找到适合自己的运动而快乐地说道。

过了几天，小秋在网络上对小夏说："我找到一本对女人塑造人生观有益的书，一会儿我就将电子版给你传过去。"

看过小秋传送的书籍后，小夏顿时感到在书中获取了在人生道路上前行的力量。

人只有在生活中与他人分享自己的幸福，才会让自己的幸福快速地成长。当我们让分享成为一种习惯的时候，你就会收获别人的体验，汲取更多的资源。

在日新月异的时代，你是否还在独自探索和耕耘幸福的土地？如果这个时候能够有人和你一起分享自己的幸福，你就会发现通往幸福的路径而省去寻找环节径直前行。当分享成为一种习惯的时候，我们就会不自觉地发现，原来大家分享的不仅是幸福本身，而是制造幸福、取得幸福的方法，将这种方法套用到自己身上，幸福就会不期而至。

幸福心语

deli heart
happiness

小小的分享构成了永恒的幸福。懂得分享的情侣，爱情永不会褪色，因为共同拥有太多快乐与悲伤交织的回忆。在分享的氛围中长大的孩子，心不会离父母太远，因为家庭的温暖串起他成长的快乐。懂得分享的员工更容易成功，因为他能够在团队的凝聚力中汲取无穷的力量。分享，让各种感情都随着岁月历久弥香。

真爱无价，用心撒播爱的种子

博爱是一种传统美德。孔子有"四海之内皆兄弟"的教诲，孟子有"亲亲而仁民，仁民而爱物"的传言，墨子有"天下之乱，乱于不相爱，天下之治，治于兼相爱"的警示。古代智者，无不把博爱作为一种优秀品德来树立。

1979 年，诺贝尔委员会做出了一个伟大的决定，选择了一个"除了爱一无所有"的贫民作为本届诺贝尔和平奖获得者。这是从本届 56 名角逐者中挑选出来的，角逐者包括促成了巴以和谈的美国前总统卡特，但卡特却没有赢得这项殊荣，获奖者是特蕾莎修女。授奖公报说："她的事业有一个重要特点：尊重人的个性、尊重人的天赋价值。那些最孤独的人、处境最悲惨的人，得到了她真诚的关怀和照料。这种情操发自她对人的尊重，完全没有居高施舍的姿态。"公报还说："她个人成功地弥合了富国与穷国之间的鸿沟，她以尊重人类尊严的观念在两者之间建设了一座桥梁。"

而她的回答是："这项荣誉，我个人不配领受，今天我来接受这项资金，是代表世界上的穷人、病人和孤独的人。"

特蕾莎出生于 1910 年，她的故乡在南斯拉夫，老家是一户阿尔巴尼亚农户。她的出生地一直都处于贫穷、混乱和民族战争的漩涡之中，这为她思索

人生提供了背景。37 岁正式成为修女的特蕾莎，1948 年远赴印度加尔各答，两年后正式成立仁爱传教修女会，竭力服侍最穷苦者。

特蕾莎修女到了加尔各答，走进了那个被印度总理尼赫鲁谓之"噩梦之城"的地方，走进那些没有遮风挡雨之处的贫民中间，亲手握住那些快要横死街头的穷人的手，给他们临终前最后的一点温暖，让他们含着微笑离开这个对他们来说残酷的世界；她亲吻艾滋病患者的脸庞；抚摸麻风病人的残肢；细心地从难民溃烂的伤口中捡出蛆虫……她把一切都献给了穷人、病人、孤儿、孤独者、无家可归者和垂死临终者。自 1952 起，特蕾莎修女和她的修道院的修女们，在加尔各答的街头遍寻垂死者，将爱心和慰藉带给了 400 多万被舍弃街头的人。她们创造了一个奇迹，这 400 多万人当中，有过半数的人在特蕾莎修女等人的悉心照料下，日渐康复了。

特蕾莎修女创建的组织有 4 亿多资产，世界上许多的富翁都乐意捐款给她，她去世后，人们整理她的遗产时发现，她一共只有三套换洗的旧衣服，她只穿凉鞋没有袜子；在她居住的地方，唯一的电器就是一部电话。

满面皱纹、瘦弱文静的特蕾莎修女在 1997 年 9 月去世后，印度政府为她举行了国葬，成千上万的人冒着倾盆大雨涌上街头，为她的离去而流下了悲伤的眼泪。

没有爱的世界将会是一个悲惨的世界。许多女人之所以不能深刻透彻地认识生命，是因为她们还没有意识到爱人的快乐。人与人都是以心交心，以心换心，爱人的心，自然会被人所爱，而且一个心中有爱的女人是最楚楚动人的。

一个女人富有宽博的爱心，自然能够设身处地为别人考虑问题。爱，不仅仅局限于通常的情爱，宽容大度，给别人多一点同情和理解，也是一种爱。

爱从来都是相互的，仁爱之中的仁字，表明爱绝非单一的载体。施爱于对方，爱就成为一种情感力量，推动主体心灵美的升腾；而受爱者所领略的是人世间最纯净最无私的心灵，在这种情况下，他也会施爱于人的。所以，爱是沟通人际的桥梁，是和谐人际的中介。

幸福心语

dail heart
happiness

爱是女人一生都要学习的一门学问，女人被别人爱不难，难的是学会怎样爱别人。只有学会爱，你的爱才会持久，魅力才能在你身上永存，幸福也才会稳固而持久。

多一份微笑，多一份幸福

相信大家都会对意大利著名画家达·芬奇的肖像画《蒙娜丽莎》印象深刻。为什么呢？或许你们会异口同声地说："因为蒙娜丽莎的微笑啊！"是啊！蒙娜丽莎那迷人的微笑，微微笑出了一个千古绝唱。确实，这种微笑会让所有人感受到无法抵抗又奇妙的魅力。

女人的微笑可谓天底下最美丽的表情。这种微笑最美、最有吸引力。当男人与女人吵架时，只要女人开始微笑，立刻就能化解敌对的气氛，让两个人的关系变得和谐而甜蜜。当有人心情不好时，只要出现了女人的微笑，立刻就能让乌云变成彩虹。

微笑可以拉近人与人之间的距离。在一些不熟悉的场合，当别人友好地冲着你微微一笑，或者你对别人微微一笑时，那么，你们之间的关系就不会显得紧张，就会变得自然而融洽。

微笑的表情，是我们自信的力量。微笑能给我们带来奋进向前的情绪，从而能增强我们的自信心。事实上，无论是人们内心深处的达观情绪，还是荡漾在自己脸上的层层笑容，都十分清楚地展示了对自我能力的充分认识与无比信赖。

一个女人，多一份微笑，就会多一份幸福。当你心情好的时候，可以大方自然地微笑；而当你心情不好的时候，更应该保持微笑。一方面，微笑可以为你赢得更多的关注与掌声，使你以最快的速度恢复心情；另一方面，你脸上的微笑会阻止你成为污染别人情绪的"凶手"。

微笑在我们的生活中扮演着十分重要的角色，有着不可低估的力量。它能创造人际关系的奇迹，同时也能使你改变自己。如果你想改变自己，重塑迷人的魅力，就从微笑开始吧！

有一个女孩叫张笑笑，虽然她的名字里有两个"笑"字，但她并不是一个爱笑的女孩子。她外貌很丑，校园里的那些帅哥和靓妹们经常暗地里嘲笑她，叫她"超级恐龙"，更有甚者干脆直呼她的绰号"夜叉婆"。每当听到别人叫她"超级恐龙"或听到别人喊她"夜叉婆"时，她就非常气愤和羞愧，但却无可奈何，有时她甚至会掩面大哭。人们都说大学里的生活是最美好的，可笑笑的生活就像在炼狱一样，她总是试图躲避别人的视线，甚至躲在宿舍里不敢出来，更不用说找男朋友了。

有一天，张笑笑因同学的嘲笑而暗自垂泪的时候，被她的心理学老师发现了，问明原因后，那位心理学老师告诉她一些能使人变漂亮的秘诀："一是脸上要经常挂着微笑，遇到同学甭管他如何对待过你，你都要主动亲切地微笑着打招呼；二是绝不自伤自怜，学会坚强勇敢，别总是把自己的长相放在心里；三是乐于助人，用一颗友善的心去对待别人。只要你能照着这些秘诀去做，我想，不到三个月，你一定会变成全校最吸引人的姑娘。"

张笑笑听从了那位心理学老师的话，认认真真地按这些秘诀去做了。精诚所至，金石为开，果然，没过多久，同学们对她的态度发生了巨大的转变，不再嘲笑和讽刺她了。她果真成了全校同学中最受欢迎、最有人缘、最易于

相处的人了。而且，由于她的脸上始终挂着灿烂的微笑，就像五月的丁香花一样，虽不美丽，却很宜人。所以，同学们都说："原来张笑笑并没有那么丑啊，她其实还是蛮漂亮的嘛！"

以上这个事例告诉我们：女人的微笑不但可以给别人带来好感，还可以给自己带来幸福和魅力。可以想象，一个脸上总是挂着笑容的女人，她们的心灵是多么的美好。而她们的未来，也是可以预见到幸福的。其实，女人的微笑不止有"回眸一笑百媚生"的魅力，其背后往往还蕴藏着巨大的力量。这种力量不但能以温柔的方式化解人生际遇的各种坚冰，还能引导你直接到达光明的圣地，领略到生命与生活的最美、最高境界。

一个美丽的女人，总是用微笑当礼物，送给她周围的人们，使别人感到亲切、愉快。做一个懂得微笑的女人吧！当你把自己的微笑送给别人时，你就会体验到一种真正的愉悦，你的世界将变得更加美丽，你的人生将变得更加美好，你就会变得更加漂亮。

微笑如此重要、如此美好，那么，我们怎样才能拥有这种微笑呢？你不妨试试以下方法：

第一，多想一些轻松愉快的事情，让快乐的心情陪伴着你。

第二，在办公室里摆放难忘假日的照片，或者你最喜欢的宠物的照片，这些照片可以使你从繁忙的日常工作中得到片刻的休闲和愉悦。

第三，培养幽默感。富有幽默感的女人通常是快乐的，也常常能送给别人笑声。以乐观的、幽默的态度去观察事物，能帮助我们摆脱困境。比如，有幽默感的女人遇到尴尬的局面，便可以用自嘲的方式化困窘为祥和，一笑了之。

第四，学会对自己笑。人与人之间最难得的是一个可以分享的微笑。即使你是一个人笑，一旦你学会了这一点，你周围的人将会喜欢你，并与你打成一片。

第五，通过训练更好地掌握微笑的技巧。每天早上起来，在照镜子的时候，你可以对着镜子练习微笑。开始你可能觉得不太自然，但是一旦你能以真正乐观的心态，加上肌肉与神经的配合，一切都会显得那么天衣无缝。这种自然而然发出的微笑更能展现你的魅力。

幸福心语

无论是在工作中，还是在生活中，你都可以向任何人展露你的微笑，看看她们是否也注意到你的微笑，并有所回应。通常一个微笑就会引来另一个微笑，微笑是个注意和肯定他人的积极做法，也是两个人用心灵沟通的开始。当你用微笑增加脸上的神采，并让积极的活力改变周围的气氛时，你就会注意到别人外表之下的内心世界，并深入其中发现对方的优点。

Chapter Four

第四章

◎在平淡中收获满满的幸福

请记住，一簇鲜花是美好的，但不可使每一朵都太绚丽——那样看上去会很刺眼。一簇鲜花中只需几朵可人，大多数比较普通即可，这样才能展现协调的色调，生活也应如此平实。在平凡之中，天天有鲜花，处处有芬芳——生活充满惬意，这也是一种幸福。

幸福就在触手可及处

某天，在微信群里和老同学聊天，几个人七嘴八舌地乱说，无非是些回忆往昔、感慨今天的话。正值而立之年，大家都少不得谈及自己的宝宝。

有人说："我闺女说了，每天最高兴的事就是，妈妈给我穿衣服，爸爸冲我笑哈哈。"大伙就说："这孩子有写诗的潜质嘛！"

有人说："我们家宝贝就盼着我晚上不加班，陪她吃饭，然后到阳台上看星星。"大伙都笑，说这是个浪漫派的小姑娘。

有人说："我一岁的儿子更了不起，最大的爱好是在床上捡我掉的头发丝，快乐系数跟头发的长短成正比。"这次大伙笑得最凶，觉得这小东西有贾宝玉的影子。

后来，忘了是谁，说了一句："咱们大人跟小孩的思维就是不一样。他们高兴就是高兴，特别简单。咱们就非得在后面追加一个'意义'。"

此语一出，大伙顿时哑口无言。

这难道就是我们幸福指数大跌的根源？

在小孩子看来，幸福都是些触手可及的东西——糖果、衣服、玩具，哪怕是一根头发丝，他们快乐得那么真实，不掺杂一丁点儿杂质。而我们这些

所谓"大人"，是从何时开始把幸福定位在遥不可及的"潘多拉星球"的？

曾经看到有人在网络上篡改余光中先生的诗歌，改后大致如下："小时候，幸福是一台电冰箱，雪糕在里头，我在外头。后来，幸福是成绩榜，尖子生在上头，我在下头。再后来，幸福是房价，它跑在前头，我追在后头。最后，幸福是传说，不知怎么就到了尽头……"

看得人满心无奈，只想哭。

难道人长大了就真的没幸福了吗？

必须承认，这世界上有太多我们追求不到的东西，不光是房子、车子、票子。如果我们被这些东西压得丧失了感知幸福的能力，岂不相当于自杀？房子、车子、票子都是让我们的生活更有品质的"工具"，倘若为了追求这些而把自己弄得疲惫不堪，倒有些本末倒置的味道了。

所以，在追得太累的时候，在觉得不幸福的时候，不妨学学小孩子。他们稚嫩的小手不停地抓，都是在抓力所能及的东西。以自己为圆心，以胳膊为半径，努力去抓那些让他们愉悦、开心的东西。抓到了，他们就欢喜得不得了、幸福得不得了。

都说十指连心，手的触感和心的感觉贴得最近。因此，人在抓到某种东西的时候会有特别妥帖的踏实感。有些人睡觉时必须抱着枕头或者布娃娃，有些人看书时必须捧着一杯温水，有些人则习惯随手抓些零食来吃。这些都是"触手可及"的幸福，那样实在，那样简单。

当然，有些小孩子会为了抓远处的一块饼干而掉下床，弄伤了自己。这也很正常呀，这就像我们大人，为了追求一些认为很重要的东西而让自己"摔跟头"。我们在职场、生意场里摸爬滚打，为了谋个职位而处心积虑，或为了一笔生意而焦头烂额，这跟小孩子伸手去抓玩具、零食的道理没有差别。

只要我们努力抓到了，就是幸福。

幸福心语

　　据说，要考验一个厨师的技艺，不是让他做国宴大菜——因为大多数人都吃不到国宴大菜，因而无法判定他的技艺——而是要让他炒一份青菜。青菜是所有人都能吃得到、够得到的。把这最普通不过的东西烹饪得有滋有味，才是境界。过日子更是如此，把身边触手可及的小事情处理得漂漂亮亮，就是幸福高手了。

HAPPINESS FOREVER

越简单，越幸福

曾经有一部电视剧让全中国的老百姓都跟着"走火入魔"，那就是《还珠格格》。里面古灵精怪的"小燕子"几乎一夜之间成了全民偶像，她调皮捣蛋、不守规矩、出口骂人、动手打人，办了坏事不道歉，做了错事也是一哭二闹为自己找借口。特别是在规矩重重、金科玉律无数的皇宫里，她这个"异类"把大家都折腾了个人仰马翻。

偏偏就是这位"混不吝"的民间格格征服了皇帝和亿万电视机前的老百姓。有几个人敢当众撒野？有几个人大字不识，成语不会就敢信口开河？有几个人敢在"领导"面前卖弄小聪明使小性子？只有小燕子敢。明明有点粗俗，却活得自由快乐；明明难登大雅之堂，却不把天王老子放在眼里；明明胸无点墨，却敢挑战权威不服不忿。

小燕子带着一种黑洞般的自信，带着一种顽劣的生命张力。爱就是爱，恨就是恨，讨厌就是讨厌，黑白分明，无拘无束。大家都羡慕她，觉得她幸福至极。

当我们身处社会越来越久，面临的诱惑越来越多，考虑的问题越来越深入，面临的顾忌越来越多，再难做到小燕子那样的"自由"了。但是，这并不妨碍我们借鉴一点她的幸福哲学：她快乐，因为她简单。

其实生活本来就可以很简单，很多追不到的东西可以不追，很多背不动的东西可以不背，不属于自己的东西不去强求，适当降低对自己的要求标准。给生活做做"减法"，是非常有效的幸福法则。

许多人都相信多就是好，想要更大的房子、更好的车子、更多的衣服与更多的钱财。但人的贪欲无限，人对物欲的需求是个无底洞，无论已拥有多少，都不觉得满足。简单生活的概念并不强调限制获得财富，而在鼓励人认清生活的真相。

简单生活并不是要人放弃一切，相反，其目的在于通过简化生活，使人生存的空间更大，生活得更自在。

拥有较少的东西意味着不需要花太多的时间来照顾、清理或担心这些东西。每买一样东西都意味着要付出更多，同时也使后期的付出增加，就像高价买得一栋有前后院的别墅，后期就有频繁的锄草与维修工作。

在竞争日益激烈的现代社会，生活节奏也变得越来越快，人活得越来越压抑，越来越没有自己的空间。工作上的事占据了我们生活的中心，而在工作之余可以稍微放松时，却又被电视、电影、电脑游戏、健身场所、娱乐中心所淹没，在看似忙碌的生活中，我们几乎没有了独处的空间。

丁菲在努力奋斗了十几年后，成为了一个成功的作家、投资人和投资顾问。

有一天，她坐在自己的办公桌前，呆呆地望着写满密密麻麻事宜的日程安排表。突然，她意识到自己对这张令人发疯的日程表再也无法忍受下去了。自己的生活已经变得太复杂了，用这么多乱七八糟的东西来塞满自己清醒的每一分钟简直就是一种疯狂愚蠢的行为。就在这时，她做出了一个决定：她要开始摒弃那些无谓的忙碌，多给自己的心灵一点时间和空间。

于是，她着手开始列出一个清单，把需要从她的生活中删除的事情都排列出来，然后她采取了一系列"大胆"的行动。首先，她取消了所有电话预约。其次，她停止了预订的杂志，并把堆积在桌子上的所有读过、没有读过的杂志全部清除掉。她注销了一些信用卡，以减少每个月收到的账单函件。通过改变日常生活和工作习惯，使得她的房间和庭院的草坪变得更加整洁。她的整个简化清单总共包括八十多项内容。

丁菲深有感触地说："我们的生活已经变得太复杂了。在过去，从来没有像我们今天这个时代拥有如此多的东西。这些年来，我们一直被诱导着，使得我们误认为我们能够拥有这一切的东西，我们已经使得自己对尝试新产品都感到厌倦。许多人认为，所有这些东西让他们沉溺其中并且心烦意乱，因为它们已经使得我们自己失去了创造力。

"因为受习惯的生活方式的影响，你每天有许多活动是不得不勉强去做的。追求舒适的习惯和烦琐的例行公事让你的日常生活落入浪费时间、浪费精力的陷阱，其实减少那些程式化的活动并不会因此减少快乐的机会。

"习惯驱使我们去做所有这些日常琐事。我们总是担心如果我们不去做，就会失去什么东西。其实，也许我们的确会失去什么东西，但是这没什么不好，我们还是好好地活着，而且活得更潇洒了。"

生活就像电脑的硬盘，琐碎的事情和物质的欲望如储存在硬盘上的文件，如果这样的文件过多，硬盘被全部占满，再储存重要的文件便没有了空间。而硬盘过满，电脑的运行速度也会大大减慢，甚至有死机的危险。

生活中有很多对我们来说并不是必需的东西，如果我们不停地追求这些可有可无的东西，生活空间就会被这些东西填满，内心也会被获得这些事物的欲望塞满，哪里还有空间容纳更重要的东西。看看那些在人类的艺术领域、音乐领域、科学领域做出过卓越贡献的人，像毕加索、莫扎特、爱因斯坦，这些人都生活在极为简单的生活之中，他们用简单的生活，赢得了更多的时间和空间，全神贯注于自己的事业，挖掘出内在的创造源泉。

让生活变简单代表着宁可选择租住一间便宜的小公寓，使每月有余，而不是拼命挣扎着要买一间大房子，变成房奴。吃得简单、穿得简单、生活得简单，总之，简化生活的主要目的就是让生活的空间更大，生活得更自在。

以车代步，导致四体不勤，身形日渐臃肿，只好又在周末休息时间花钱去健身，或买个昂贵的踏步机放在卧室里。但常因太忙或者懒惰，难以持之以恒：既然如此，为什么不干脆步行上班或骑单车上班，上楼时爬楼梯代替坐电梯呢？

丢掉烦琐，让生活变简单，这样我们才能拥有更大的生存空间，才能更简单轻松地走自己的人生路。

幸福心语

dai heart happiness

让生活变得更简单，你便有更多的时间与自己对话，与家人相处，有更多的金钱与他人分享，有更多的能量去做有意义的事情。

把平常的日子过好就是幸福

每个女人，都期待着自己可以有一段不凡的爱情，并最终为那个人披上白纱，成为最美的新娘。而婚姻是非常神圣的事情，为了纪念这最完美的一幕，世界上也由此引申出了关于纪念日的寓意与各种命名。1 年，纸婚；6 年，铜婚；25 年，银婚；50 年，金婚；60 年，钻石婚。写到这里，你也许会问，应该没有比钻石更久远的婚姻纪念日了吧？

事实上，如果以法国人对结婚纪念日的命名来算，在钻石婚之后，还有70 年的白金婚、75 年的白石婚，以及 80 年的橡树婚。被誉为神秘之木的橡树，在传说之中由希腊诸神之王宙斯所掌管，西方的许多国家也将其视为具有魔力的圣树。作为自然界最高大的树种之一，橡树还拥有着可长达千年的树龄。只要它还有时间与空间，它就会始终保持着向上生长的状态，对于爱情来说，只有恒久才是无法超越的界限。

2014 年七夕的时候，微博、微信上那些被疯狂转载的爱情宣言，在一则短短数百字的新闻面前，都集体黯然失色。

新闻的主角，是一对来自山东威海的平凡夫妇，100 岁的宫德云与 103 岁的孙玉翠。这年是他们婚后一起度过的第 83 个七夕节，这个数字比被誉为婚姻纪念日最高点的 80 年"橡树婚"还要多 3 年。对于他们也许只能用中国的一句古语来作为总结，"死生契阔，与子成悦。执子之手，与子偕老。"

在微博上，我们看到记者所拍摄的那 5 张普通照片，是两位老人一天的普通生活。

第一张照片，是丈夫用颤巍的手，将自己在庭院里采摘的鲜花送给满脸皱纹的妻子，两个人的笑容很腼腆，似乎这还是两个人第一年结婚。

第二张照片，是丈夫在为妻子梳头，手持镜子的妻子在 10 年前因为小脑萎缩，逐渐丧失了一些动手能力，为了不让妻子感觉到生活不便，丈夫便照顾着她的生活起居。

第三张照片，是老两口一起坐在堂屋里，穿起象征爱情的巧饼，那个默契的定格让我们羡慕。

第四张照片，是家中的院落。丈夫在为花浇水，而妻子就坐在不远的地方，静静地看着。

第五张照片，是家中的炕头，两个人一起坐在那里看电视，洒下满屋子的幸福。

对两位老人而言，他们甚至不明白自己所经历的这段平淡生活，为什么会让这么多媒体争相报道。对于这一对夫妻而言，他们的眼中并没有金婚或者橡树婚的差别，她们用一生的努力付出所想要的回报，仅只是家庭和睦，一家平安而已。

想要得到更多关于这段动人婚姻素材的记者，走访了老人的子女与村里的村民。结果他所得到的回答，却都很简单。村民们所能够说的对于这一对老人的印象，是他们这么多年一直都很和善的性格；儿女们，所记得的也只是父母几乎很少吵架，认为心胸豁达是他们幸福和长寿的秘诀。那个采访的

107

记者，应该是很失望的，好不容易找到的题材却没有更多可以发挥的余地。这对一起生活了超过三万多天的夫妇，就像所有的平凡夫妇一样过着最平淡的日子，而不是爱情的山盟海誓，生活的荣华富贵。如果一定要说有一些与众不同，那可能只是因为他们在一起的时间比别人足够久而已。

"执子之手，与子偕老。"是很多女人都期待的爱情状态，可是在一起变老的过程中，我们都没有办法承诺彼此，我们的感情可以永葆新鲜。相爱的两个人，必须用更多的时间去适应平淡的日子，并在琐碎的生活中找到属于自己的简单幸福。因为，一段轰轰烈烈的感情，并不是可遇而不可求，但是短暂的不凡之后，就算是公主和王子也必须面对柴米油盐酱醋茶的平淡生活；而能够在平淡中让你始终觉得心安，并且愿意相依相守的感情，却是需要用尽一生去守护的。

幸福心语

女人的一生，并不需要多么的不平凡来证明自己的与众不同。我们所需要的，是在平凡中活出自己的简单生活，只有你自己才可以赋予自己不平凡的人生。

平常心是道，简单生活是福

曾经有人用歌声"歌遏行云"，艺术人生"德艺双馨"来评价关牧村，作为我国著名女中音歌唱家的她，对自己的人生概括却是：平常心是道，简单生活是福。在她看来，不要把自己当成什么，才是什么；要把自己当成什么了，就不是什么了。

演出中，她是观众眼中有着很高造诣的艺术家。回到家，在丈夫的眼里，她只是一个普通的妻子，最拿手的菜是牛尾萝卜汤和包饺子。在儿子的眼里，她是一位和蔼的母亲，当三八妇女节收到儿子的短信祝福时，她高兴极了。她的业余生活就是读书，和朋友聊天、旅游，浏览名山大川，看《动物世界》。

因为拥有这一颗平常心，关牧村尽心竭力地成功扮演着自己的不同的角色，艺术家、妻子、母亲三个不同的角色，却付出了更多的耐心和爱心，虽然付出很多，但是还会得到很多。

现在，有很多女性一过了35岁就找不到工作下岗了，也有些单位根本不愿意要女人，有人问关牧村怎么看待这种现象？她讲到，其实中年女人更成熟，做事情更容易成功。她认为，中年女性不要失去信心。是的，当生活遇到挫折了，以平常心对待，不看轻自己，从容淡定的自信都是很重要的。

每个女人都有自己的生活方式，作为拥有满意工作的职业女性，工作中安守自己的本分，辛勤敬业，那么就会很轻松的拥有一段愉快的人生；作为全职太太，在家中任劳任怨的忙碌，相夫教子，那么，她的家庭也会更加幸福美满。

经常听到有些女性朋友在抱怨，抱怨孩子不争气，考试又没拿到第一；抱怨老公没本事，还没到中年却仕途不佳；抱怨自己体型太胖，和时髦的服饰无缘；抱怨工作压力太大，每天累得喘不过气来；抱怨薪水太少，购物还要精打细算……

就这样，再美好的光阴也如瓷器般破碎在了无止境的抱怨里。不要等到一切完美无瑕时才懂得享受生活，让平常心态洗涤我们的心灵，于平淡中找寻简单的快乐，何乐而不为。

拥有一颗平常心的女人，会安于自己的选择，珍惜自己想得到并已得到的，不会去觊觎别人的成就，这样的女人优雅而从容。刻意的追求完美，却弄得自己伤痕累累，这是不可取的。有所得必有所失，失之东隅收之桑榆，这是自古常理，平心静气的做好自己的事情才是硬道理。如果定下了目标但仍战战兢兢，就要想想自己的能力，是否足够达到目标，而改变这种慌张需要的就是一颗平常心。平常心态有时比什么都重要，只要试着改变自己，培养好的心态，就会对生活重新燃起热情和希望。

拥有一颗平常心，就是让自己知道，既然改变不了环境，那就改变自己；改变不了事实，那就改变态度；不能控制他人，那就把握自己；你不可能万事顺心，但可以每次都尽心；不可能改变天气，但可以左右心情。不刻意强求什么，珍惜自己有的，不去想那些遥不可及的，这样才能做个快乐的女人。

幸福心语

　　拥有一颗平常心，这种快乐简单而又纯粹。这种快乐的源泉可以是看到早春里的第一片绿叶；看到一朵含苞欲放的小花；经历一场丝丝的小雨；伴着清风晚月夜幕的降临，躺在凉爽的竹床上看星星望月亮；甚至接到朋友一个温馨的短信；给好久没有见到的朋友一个拥抱，让彼此感到真的非常高兴，快乐原来是可以传染的。

HAPPINESS FOREVER

幸福不是比较出来的

应该说每个人都有攀比心理，任何一个社会都存在攀比现象，只不过或多或少。攀比分为正性攀比和负性攀比。正性攀比指正面的积极的比较，是在理性意识驱使下的正当竞争，往往能够引发个体积极的竞争欲望，产生克服困难的动力。比如，好友这次考试冲进了班级前十名，你也不甘落后，开始更加努力地学习。再比如，到同事家做客，发现人家住着花园洋房，用着红木家具，窗明几净，于是回到家后，你也开始擦窗拖地换洗床品，把家收拾得干净整洁，从而心情大好。

负性攀比指那些消极的、伴随情绪性心理障碍的比较，会使个体陷入思维的死角，产生巨大的精神压力和极端的自我肯定或者否定。接上面那个例子，如果攀比的不是人家的整洁干净而是人家的豪宅和高档家具，那不仅没心情收拾自己的陋室，反而会烦恼气愤饱受嫉妒心的折磨。负性攀比最大的问题在于缺乏对自己和周围环境的理性分析，只是一味地沉溺于攀比中无法自拔，对人对己都很不利，严重者甚至会引起心理疾病。

负性攀比是摧毁幸福的重要因素。因为攀比是破坏关系，尤其是亲密关系和亲子关系的杀手。想想看，一个总是攀比别人的丈夫更会赚钱更会升职的女子，她带给丈夫的只能是挫败感和烦恼，焉能不破坏关系？一个总是攀比别人的孩子更优秀更听话的妈妈，很难赢得孩子的心，许多的亲子关系就是在父母的攀比中破坏掉的。攀比心，不仅让自己难有心灵的宁静和幸福，也让家人深受其害。

攀比在心理学上被界定为中性略偏阴性的心理特征，即个体发现自身与参照个体发生偏差时产生负面情绪的心理过程。通常指不顾自己的具体情况和条件，盲目与高标准相比。说到底，是虚荣心在作祟。大家都熟悉莫泊桑的短篇小说《项链》，女主人公就是爱慕虚荣爱攀比才借了朋友的珍珠项链，虽然她在舞会上出足了风头，却因为大意丢了项链而操劳了十几年。等终于还完债务后，她无意得知，那串借来的项链是假的。这篇小说今天读来似乎更有意义，项链是假的，舞会的风头是虚幻的，自己的虚荣心是真的，攀比心是真的，辛苦付出的十几年光阴和不快乐是真的，孰重孰轻，明白人应该懂得。

有的女人看到别人比自己有钱，比自己美丽，比自己优秀就会心里极其不舒服，甚至寝食难安。不想可能是自己努力不够，只一味地怨天，怨地，怨生不逢时，吵闹的自己难过，别人也不舒服。

王青在大学毕业后，顺利地考上了公务员，不久与在机关单位工作的同事结了婚。两个都是端铁饭碗的小夫妻，让人羡慕不已。

可是，一天逛街的时候，当王青看见大学同学谭维维时，她开始觉得不快乐了。在学校的时候，王青跟谭维维曾经关系不错，两人条件差不多，成绩也不相上下，但毕业后就渐渐失去了联系。

这次，她看到的谭维维今非昔比，她开着自己的宝马车，戴着一副墨镜，样子很优雅。本来自我感觉良好的王青，心里突然感觉酸酸的。

接下来，又一次无意中，她在购物中心碰到了谭维维，当时，谭维维正在试穿一件裘皮大衣。那件衣服典雅大方，无论是工艺、材质，都是王青喜欢的，但是价格却让王青只能望"衣"兴叹。"给我包起来吧，试过的衣服，我都要了！"王青进去跟她打招呼的时候，正碰上谭维维这样对店员说。王青被深深地打击到了。

随后，谭维维邀请她去家中做客，王青拒绝了。因为她总觉得自己在谭维维面前，有一种低人一等的灰溜溜的感觉。

回家后，她越想越不是滋味。本来大家都在同一起跑线上的，现在却有着天壤之别，沮丧、烦恼、失落突然间占据了她的心。

接下来的日子里，王青的眼前总有谭维维的影子。她也不知道自己为什么突然对谭维维的隐私特别感兴趣。终于，她发现了一条令自己很得意的线索，谭维维以前被一个已婚的台湾商人包养，由于商人的妻子大打出手，她不得不和那个男人断绝联系。现在做生意的这些资本估计是那个时候的补偿费吧。

从此以后，只要见到大学的同学，王青都会很八卦地把自己对谭维维的分析讲给同学们听，甚至恶语中伤："她有什么可神气的，不就是把自己卖了，挣了点儿钱吗？"

一时间，关于谭维维的流言蜚语在同学们嘴里传开了。每当王青听到这些流言的时候，就感觉心里得到了些许的平衡。

或许你也有过这样的感觉，别人的成功和幸福，会让你突然感觉到很失落，尤其是这种春风得意发生在曾经不如你的人身上时。即使你表面上显得平静，但内心里还是会波涛汹涌，感觉有一种无形的东西被摧毁了。这种感觉就是悄悄在你内心滋生的妒忌。

在生活中，我们与别人总是有差别，有差别便自然会有比较，有比较就难免会有嫉妒之心。培根说："嫉妒永远不休假。"嫉妒是对比自己优越的人心怀憎恨的一种情绪。

古人说："心贼最为灾。"一个再优秀的人，如果染上"嫉妒"，那么她（他）的所作所为就容易失去理智。而且嫉妒的心常会因时间、环境急剧膨胀，甚至爆炸。一个人如果无理智地总想去超越每一个人，结果往往会一发不可收拾，酿出本不该有的悲剧。

细细想来，嫉妒的结果能让我们得到什么？打击了那些比我们成功的人，就能让我们获得成功吗？伤害了那些比我们幸福的人，就能使我们获得幸福吗？当然不能。相反，最终我们会在一次次的嫉妒、一次次的不平衡中落得更加失败，更加不幸福的境地。

"我昨天听隔壁老王他媳妇说，老王又升职了。是吧？"妻子问丈夫。"嗯。"坐在沙发上看电视的丈夫回答得有气无力。"你怎么不跟我说呢？你俩还一个单位的呢！""别人的事我不关心。再说，是他升职，又不关我的事，你叫我说什么呀？"丈夫的语气有些不太高兴。

"唉，这老王还真是有能力，连连升职，你说他有什么手段吧？""不知道。""他媳妇可真幸福，找个这么好的老公。""你说这话什么意思？跟我过就不幸福了是吧？你要觉得老王好，那你找人家去啊！"老公火了，走进卧室把门砰地一声关上。妻子觉得莫名其妙，自己没说什么怎么就惹得老公发那么大脾气。被拿来比较，让自己显得相形见绌，是男人最讨厌遇到的事情。想一想，你在旁边大谈特谈别人的成功，丈夫心里什么滋味？也许你只是当作一个闲暇的谈资，但丈夫心里会觉得你话中有话，让他感到别扭：

这么说什么意思？贬低我吗？暗示我很差劲吗？越想就会越生气。

既然说别人成功，只会让丈夫觉得自己不如人，脸上挂不住面子，还备受打击，女人又何必要开这个口呢？

有的女人喜欢这样说："你看你那副德行！就知道干点破家务活，看看人家隔壁的，一年几十万，人家老婆天天出去美容，我只能做黄脸婆，还不是因为你无能！"如果丈夫也能挣上个十几万，她又会说："你一天就知道工作，也不知道带我出去玩，人家谁谁的老公总是带她去旅游，你陪过我吗？"要是碰巧老公也陪过，她又会说："你怎么就知道看电视、上网，也不会帮我做点家务活，我整天下班回来还得做饭洗碗，你怎么这么不懂得体贴人啊。人家谁谁的老公又能干又勤快，哪像你！"

有的女人似乎永远都不知足，永远能在老公身上找出一大堆不如别人的地方。仿佛全天下所有的男人都好，就身边的这个最差劲。不要当着老公的面说别人的成功，不要老说别人的老公如何如何好，别数落他没出息。你越是打击他，他就会越没自信，负重前行只会步履更加缓慢。对大多数男人来说，赞赏和鼓励比刺激更能让他有奋斗的勇气和力量。

不要埋怨你的老公不是太阳，没有给你太多的温暖，要想想你是不是月亮，给了老公多少温柔；不要埋怨你的老公不是天上的星辰，不能挂在你骄傲的心头，要想想你是不是地上的露珠，有没有滋润老公自卑的心灵；不要埋怨你的老公不是雨后的彩虹，没有挂在你人生的旅程，要想想你有没有撑开幸福的雨伞和老公风雨同行。

一个聪明的女人绝对不会拿自己的老公跟别人比，如果真的不小心说到了别人，也会及时补充说："谁谁的老公能干是能干，可哪像你这么体贴啊，还是你最好，亲爱的！"这么一说，自然深得老公欢心。

也许现在你的老公还不是一棵参天大树，但他有一天会郁郁葱葱；也许现在你的老公还不是一座巍巍高山，但有一天他会让你看到最美的风景；也许现在你的老公还不是雄鹰，但他还在成长，总有一天会带你翱翔天际。

不要说谁的钱财比老公多，不要说谁的地位比老公高，不要说别人的职业比老公好，不要说别人的事业比老公做得大。要知道，所有的成功都是一个过程，你的他只是在积累的阶段，时间到了，自然就成功了。

女人，不管你的老公有多少缺点，不管他现在多么的默默无闻，你都不可以用攀比来压迫他，你的贬低并不能改变什么，但鼓励却能产生奇妙的作用。

幸福心语

daili heart happiness

其实，幸福对于女人来说，重要的不是比较，而是享受，重要的不是看到别人拥有的，而是看到自己拥有的。不要拿别人的成功同自己比较，用欣赏的眼光去看待这个朝夕相处的爱人，生活才会越来越甜蜜！

停止抱怨，追求从容恬淡的生活

有人说，如果上帝要折磨一个男人，就会让他遇到一个喜欢抱怨的女人。可见，女人的抱怨多么具有杀伤力。不只是男人受不了女人的抱怨，很多女人也一样无法容忍同类的抱怨之声。如果每天清晨醒来，就有一只高音喇叭在周围聒噪个不停，也许这一天就再也没有快乐的心情。而喜欢抱怨的女人除了逞一时之痛快，自己也得不到任何好处。既打扰了身边的人，又没办法解决自己的问题，这便是人们不能接受爱抱怨者的缘故了。然而，抱怨却又无法消除。它无处不在，伴随着每一个心存不满的女人。

虽然世上的每个人都拥有不如意，但我们总会觉得别人的不如意要比自己少一些。也就是说，我们更多地看到别人快乐的一面，而忽略了自己所拥有的快乐。于是，这便成了抱怨最直接的理由，它可以让人暂时地找到内心的平衡。但也正因如此，人们才会逐渐对抱怨产生依赖，令它成为生活中不可缺少的存在。

女人们的抱怨是多种多样、千变万化的。抱怨相貌不够美丽，抱怨自己命苦没有好出身，抱怨青春不再容颜易老，抱怨自己没人追，抱怨工作忙，抱怨薪水低，抱怨上司太恶毒，抱怨公司制度不合理，抱怨老公不上进，抱怨家庭不富裕，抱怨孩子太任性，抱怨人生太多坎坷，等等。只要你有足够的耐心，只要你愿意倾听，有些女人们的抱怨是几天几夜都说不完的。

如果一个女人从早上开始，就不停地向你抱怨自己遇到的各种各样的倒霉事，你是否还有心思继续工作呢？如果办公室里刚好有这样一个女人，你是否觉得你是天底下最不幸的人呢？晓岚就曾遇到过这样的一个女人，她足足忍受了3年这样的日子。那时，她在一家货运公司工作，与她坐对桌的女人每天都要抱怨不休。工作中的事，生活中的事，只要是不顺心的事情，她就要三番五次地抱怨，就好像她从未曾经历让人感到快乐和满足的事情，就好像世界上所有的人和事都要和她作对。某次，她因为客户的一点不友善的态度，和整个办公室的人抱怨了整整一下午，翻出了很多旧事，列举了很多客户的罪状，听众们觉得她大有不与该客户一刀两断誓不罢休的想法。可是第二天，部门主管的一句话，她还是不得不继续与客户打太极。晓岚私下里曾笑她，生活维持原貌，抱怨永无休止。"我真不明白她这样做有什么意义。"晓岚说，"谁都有不顺心的事儿，谁都会抱怨，但通常只是说几句发泄一下就完了。可这样的女人，自己没完没了，还害得我们不得不分心去听她唠叨，耽误自己的工作进度。结果，根本什么用处都没有。其实有些状况，她也不是不能改变，可她压根儿就没想去做，只是图嘴上痛快而已，真让人崩溃。"

西方有句古老的谚语，说："如果说不出别人的好话，不如什么都不说。"这句话告诉人们，说话要有分寸，要有选择，不能肆无忌惮。但有些女人似乎更难以管住自己的嘴巴，总是觉得不说出点什么，会闷得难受。有些问题就会在这些女人的抱怨声中变得复杂化，或者被扩大化，从而耽误后面的进程。所以，喜欢抱怨的女人做事通常是没有效率的。她们浮躁、不快乐、愤世嫉

俗，她们的注意力并不在自己的人生发展上，眼里只盯着自己和别人的不足，抱怨成了阻碍她们前行的最大障碍。

女人的抱怨以鸡毛蒜皮的小事居多，诸如，皮肤又变得粗糙了；化妆品的效果不够好；身上的赘肉又增多；衣橱里缺少新品了；上班路上的塞车时间又增加了；办公室新来的女孩让人看不顺眼；客户的要求太难满足；领导的眼光越来越挑剔；自家男人的毛病越来越多；家务累人又不讨好；孩子的麻烦问题一堆……

在喜欢抱怨的女人眼中，很难有顺利的事、开心的事、无关紧要的事。她们只关心事情无法改变、无法解决的那一面，从不会换个角度想想生活中好的一面，想想自己得到了些什么。而生活的乐趣，也就在这些毫无意义的抱怨中渐渐消亡了。

有一个叫菲菲的女人，就是特别喜欢抱怨的类型。她的朋友们从不认为她的生活有多么不如意：拥有一幢普通的房子，虽然不大，但干净、温暖；拥有和睦的家庭，虽然老公不是富翁，但工作稳定，薪水也属中等水平；两人结婚不到两年，仍然过着美好的二人世界；衣食住行都不用发愁，偶尔出去旅行。即使这样，她的朋友们还是时常能听到她的抱怨。每次偶遇，她都要说上半天。抱怨自己的房子不够大，地段不够好；抱怨小区的管理不够到位，物业的工作太糊弄；抱怨上班要坐很久的车，时间都浪费在路上；抱怨男人工作不如别人，多少年也不曾升职，又不肯跳槽。出于礼貌，朋友们不得不停下来等她说上半天，再说几句客套话我借口赶紧溜掉。朋友们私下都说："不知道她老公是如何容忍她的抱怨的，我觉得自己如果与这样的女人生活在一起会被逼疯的。"

其实，换个角度想想，事情就没有她所说的那样麻烦、那样严重。将自己有限的时间和精力浪费在这些无端的抱怨中，根本什么意义也没有，只会让自己的心情变得烦躁。总想着一件事情的坏处，坏处就会在心里无限放大，到最后连自己都无法容忍这件事，就只好闹到鱼死网破的地步。

一对男女来到一个咖啡厅里。入座后，两人简单要了几样西式甜品，等餐的时候女人便打开了话匣子。两人是在讨论结婚的事。女人在不停地抱怨，关于男人的家世、礼金的多少、婚礼的排场、婚房的大小，等等，似乎所有的事情都不如女人的愿。她对男人说，我朋友嫁得如何如何风光，我家亲戚说婚礼应当如何如何。起初，对面的男人耐心听着，边听边解释着什么。但女人仍然没有停止抱怨的意思，这时男人看上去已经有些烦躁，他脱口而出："既然我的什么都不能入你的眼，你嫁给我做什么？"女人一时语塞，但又不甘心失败，回敬说："你以为我多想嫁给你？"接下来的情况可想而知，两人之间随即爆发了一场争吵。

如果这两人的婚礼因这次事件而告吹，女人会不会后悔自己的抱怨呢？有时候，女人的抱怨只是一种倾诉和宣泄，并不表示她真的不能接受这些事。可抱怨得太多，就会生出不必要的矛盾，从而因小失大。所以，在开口抱怨之前，女人们不妨认真地想一想，你想要抱怨的事情，真的那么值得抱怨吗？如果不值得，就要强迫自己忍一忍，或者转移一下注意力，免得在没完没了的抱怨中迷失自己。

喜欢抱怨的女人很难以一颗温柔的心面对生活，所以请不要让自己的生活充满怨念，看淡那些不值得抱怨的人和事，生活中会多一些从容，少一些烦恼。

幸福心语

　　我们还有什么好抱怨的呢？我们会羡慕那些富人的生活，可是你有没有想过，你平凡的生活会更幸福。有一个幸福的家庭，有体贴的丈夫，可爱的孩子，吃的饱，穿的暖，生活得简单，平淡，又何尝不是一种幸福呢？

HAPPINESS FOREVER

Chapter Five

第五章

◎幸福就在阳光盛开处

　　女人的幸福首先表现在快乐的心情上。容光焕发，神采奕奕，对生活充满希望的女人，浑身散发着一种积极向上的正能量，使人永远感到春天阳光般的温暖。

热情阳光，自己快乐别人也快乐

"热情"与否关系到我们是否能够被别人喜爱和接受。这一品质影响着我们生活的每一个方面。因而，"热情"成为一个优秀形象所具备的基本品质。一个人是热情还是冷漠，决定了他在社交场上被人喜爱还是被人排斥。

莎拉·安和安吉拉·王是加拿大某电讯公司的两个中国女工程师。她们大约同一年进入公司，都有着硕士文凭，像大多数海外中国职员一样，她们有着勤恳的敬业精神；都共同参加公司的同样项目，在业务上的表现不相上下。在公司业务高涨的1999年，莎拉被提拔做了项目经理，而安吉拉则一直在工程师的位置上，成为莎拉的下属。到了2001年，公司大批裁员，安吉拉作为首批被裁人员，离开了工作了5年的公司。

是什么使她们二人的前途如此不同呢？负责解雇安吉拉的香港老板认为："安吉拉冷淡而又不合群的个性，使我们感到少了她我们并没缺少什么。而莎拉是个乐观热情的人，她坚强、果断又聪明，她散发的热情能感染每一个人，她的活力能让人人都喜欢她，她是一个天生的社交家和领导者。"

一个女人最让人无法抗拒的魅力就在于她的热情。热情在社交和工作中有着强烈的感染和吸引别人的力量。心理学家认为，热情的人之所以被人们喜欢是因为热情的品质包含了更多的个人内容，它让人们联想到与之相关的其他优良品质和特性，这正是"光环效应"的作用。一旦我们被热情所吸引，我们就会认为热情的人真诚、积极、乐观，他（她）感染着我们的情绪，带给我们美妙的心境，让我们感到愉快和兴奋。热情更能给你带来幸运，因为人们都喜爱热情的人，对他们也很宽容，愿意满足他们的要求。

去过意大利和希腊旅游的人，都会对这两个国家的人充满好感，因为热情的意大利人和希腊人会让你感到生活在阳光之中，忘却一切烦恼和悲伤。吸引世界各地的人们前往意大利旅游的原因不仅仅是欣赏古意大利人留下的历史遗址和不朽艺术，也是为了去体验意大利人的热情和欢乐的人文风情。

热情像一股神奇的魅力弥散在周围，感染着四周的人们，并把他们吸引在身旁。它让人们感到精神力量瞬间倍增，好像我们可以创造任何奇迹。如果你多多留心观察身边的人，那些幸福的人都是充满热情，生活得非常愉快。他们性格开放，乐于助人，因而他们无论到哪里都受到欢迎。而冷酷的人呢？他们真正的不幸并不是缺乏对人们的吸引力，而是因为冷淡常常错过了自己生活中的机遇，关闭了幸运的大门。一位广告业的朋友谈到自己雇人的原则："第一是看他是否有热情，如果没有一个让人愉快的性格，他即使再有才华，也会把我的客户都吓得逃之夭夭。"他讲了自己近期辞退的一位性格冷淡的设计师："看到她我就感到心中像被一块石头压住，我相信她在吞蚀我积极的能量，我常常会感到乌云和阴郁笼罩着我的心情，像是一种不幸在走近我。"

热情的人总是面对朝阳，远离黑暗。因而，他们不仅性格光辉灿烂，而且命运也是铺满阳光，即使是危难之际，他们也总是能够转危为安，因为不仅命运之神青睐他们，人们也愿意把友谊奉送给感染自己的人，愿意尽力去

帮助他（她）。热情像是真善美的使者，也像一只吉祥的鸟儿，传递给人间幸运的福音。

幸福心语

热情的源泉来自于对生活的热爱和信赖。它可以通过各种方式表现出来。只要我们用积极和宽容的态度对待生活，由衷地欣赏、热爱并赞美我们所见到的每一个人和每一件事，我们周围的人就能体会到我们的热情，并给予回报。热情为成功的形象增加魅力的光环。

HAPPINESS FOREVER

拥有快乐，就拥有人生的幸福

有位记者问一位成功男士："你最欣赏哪种女人？"记者心里想好万千种答案，然而令她出乎意料的是，男士冷静而果断地回答："快乐的女人最可爱。"

拥有快乐的女人，也许她不是最出色的，但却是懂得生活真义的人。也许她不是漂亮的女人，但却是健康可爱的，更是幸福的。假如一个漂亮出色的女人不快乐，那么她的漂亮与才干又有什么意义呢？

快乐女人有着一颗平和的心。她们从不对生活不满，更不会在追求一些东西的过程之中抛弃了快乐。

快乐女人的脸部呈现出来的表情是放松愉快的，她们的生活很有情趣，尽管平凡但却充满了甜蜜的味道。

快乐女人有着一颗爱人的心。与她接触的人不会感觉到沉重，相反，犹如春风拂面，给人带去一份轻松与惬意。

快乐女人，有着一种无形的力量，吸引着你走近她。她们热爱生活，知道如何能让生命更有意义地度过。

快乐女人有自己的理想。她们既不依靠别人，也不自怨自艾。她们会按照自己的既定目标一如既往地前行。

快乐女人很容易满足。她们心怀感激，为自己已拥有的一切感谢上苍。

她们不盲目攀比，更不让自己变得愚蠢。她们也会与别人比较，但内容却是如何更快乐更充实。

快乐女人活在今天。她们只为今天做一些行之有效的事情，她们参加运动，爱惜自己的身体。她们要求上进，加强自身的修养，不断学习。她们珍惜时间，不把时间浪费在异想天开上。

快乐女人懂得自如切换自己的角色。即使自己在外面是个强硬的人，到家后她依然是那个小鸟依人、楚楚动人的小女人。

快乐女人能够放得下，十分大气。痛苦过后只是一笑置之，争吵过后能主动与对方握手言和，妒忌过后会虚心向别人学习。

快乐女人身上有着坚强与责任。她们有自己的人生信条，不会随波逐流，更不易被各种诱惑所吸引，遇到困难她们迎难而上，直至到达胜利的彼岸。

那么，怎样才能成为一个快乐的女人呢？

首先，你必须拥有快乐的思想。

一个拥有快乐思想的女人，才是一个懂得生活的女人，才是一个高情商的女人。若女人终日想着那些不快乐的事，就只能沉湎在悲伤中痛苦不堪；若女人总是想着那些自己害怕的事情，内心就会充满惊惧；若女人总是担心自己会失败，其结果往往就是失去勇气，最终失败：若女人常常自艾自怜，最后很有可能就会真的变成"可怜人"……相反，如果女人所思所想都是快乐的事，女人们往往就真的能够快乐幸福。

说到这里，有的女人会提出抗议："说得那么简单！生活顺利的时候，想快乐的事自然没有问题：但是如果你爱的人不爱你了，被炒鱿鱼了，生病了难受得死去活来……谁还能想着快乐的事呢？人在不如意的时候，抱怨、担忧、恐惧、失望等这些负面情绪会将心占得满满的，又怎么会有工夫去想快乐的事呢？而且，面对有的困难，如果只想着快乐的事，很容易因为过度乐观而让事态变得更糟。"

其实，我们这里所说的女人要有快乐的思想指的是，女人对待生活中的种种问题要用正面的、积极的态度。拥有好的心境才能拥有好的人生。幸福是一种心理体验，女人幸福与否关键在于拥有怎样的心境，而外在条件并不能起决定性的作用。叶卡琳娜和海伦·凯勒的不同人生际遇就是对此最好的说明。

叶卡琳娜是18世纪的俄国女皇，荣耀、权力、财富这些他人穷其一生追求的东西她都已经拥有，按理来说她应该是很快乐的。但是她却说："我这一生从来没有快乐过。"而海伦·凯勒出生于一个平凡的家庭，在很小的时候就因疾病而变得又瞎、又聋、又哑，面对这种完全没有希望的人生，海伦·凯勒却能拥有阳光般的心境，她自强不息，在老师的帮助下学会了英、法、德等5国语言，而且完成了多部流芳百世的著作，成为女作家、教育家、慈善家、社会活动家。她说："我发现生命是这样的美好。"

这就是拥有快乐思想的人与没有快乐思想的人的不同人生。女人们想要拥有快乐的人生，先让自己拥有快乐的思想吧！

一位对生活极度厌倦的绝望少女，感觉到自己生活的环境糟透了：到处是垃圾和没有多少人烟的荒凉，唯一的建筑工人也都没多少文化，晚上回来乱哄哄的。她每天的心情都很郁闷。她的邻居是个画家，每天去湖边作画。

一天，她在湖边遇到了这位正在写生的画家，便在闲聊中说起了她的烦闷。

画家似乎注意到了少女的存在和情绪，他依然专心致志地作着画。一会儿他说："姑娘，来看看画吧。"少女心想：住在那样糟糕的环境里，还有心情画出美丽的画？她走过去，满不在乎地看了一眼画家和画家手里的画。

少女被吸引了。她真没发现世界上还有这么美丽的画面——他将垃圾场画成了美丽的公园，将荒凉的秃山画成了依山而建的别墅。最妙的是，建筑工们一手拿着6个馒头，蹲在墙角，憨厚地笑着；湖边还有个雕塑，是那个建筑工人的孩子在妈妈的怀里微笑。良久，画家突然挥笔在这幅美丽的画上点了一些黑点，少女惊喜地说："啊，这是星辰和花瓣！"

画家最后将这幅画命名为《生活》。少女感到心里像放下一块大石头一样轻松，心灵也随那袅袅婀娜的云升上天空……她问画家："你是怎么画出来的？"

画家笑着说："我每天只记住生活中美好的。你难道没发现身边的美丽？这里是即将建成的大型生态园。身边的建筑工人们今天填土，明天绿化，不就是美好生活的建设者吗？用心只记住这些美好的，生活不就是充满希望和快乐了吗？"

人生不如意，十有七八。决定幸与不幸、快乐与痛苦的，不是我们的处境，而是我们的心态。不管发生了多么令人不愉快的事情，都要保持快乐思想，勇敢面对，与生活讲和。可以说，生活中的忧愁和快乐在于自己的选择，只在心里记住生活中美好的部分，日子就是温暖和快乐的，自己就会永远生活在春天里。即使有一万条苦闷的理由，也要有一颗快乐的心，接受事实、享受事实，同时善待自己、善待别人。

幸福心语

快乐是没有条件的，它是幸福海洋里激起的美丽浪花，是人生乐曲中振奋人心的音符，更是一种积极向上的人生态度，是一个人内心真实的反映，是自动自发的。正如罗曼·罗兰所说："所谓内心的快乐，是一个人过着健全的、正常的、和谐的生活所感到的快乐。"

HAPPINESS FOREVER

豁达大度，女人心中要有大格局

人们总习惯把男子与"大"字联系在一起，如大男人、大丈夫，男子应大度、大方，有大手笔。而女子呢，则完全与男人相反，以小女人自居，这其实是对女子的一种偏见。优秀的女人，首先应该也是一个大气的女人。有人说，男子是天，有天一样壮阔的境界；那么女人就是地，有地一样宽广的胸怀。天有多高，地就有多厚。两者相辅相成，相映成趣，谁也少不了谁。

宽容大气是女人的一种气质，更是一种智慧。懂得宽容的女人，是生活的智者，她因为目光远大，所以心胸开阔，善明事理，勇于开拓。她追求的是不变的将来、永恒的春天、竞争的人生。

生活不可能总是春光明媚，花香烂漫，天色常蓝，事事如愿。生活有如梦如幻的精彩，也有很多无奈。因而要成为一个生活以及灵性生命的强者，就应豁达大度，笑对人生。一个微笑、一句幽默，也许就能化解人与人之间的怨恨和矛盾。学会宽容的女人永远保持一种恬淡、安静的心态。

深受广大观众喜欢的香港著名女艺人沈殿霞于 2008 年 2 月 19 日在香港辞世。她的辞世让很多人倍感唏嘘，因为在她的身上有许多别人不具备的美德，最突出的一点就是，她是个很大气的人，以能宽容别人而备受尊重。

当年，在沈殿霞是红透香港的金牌司仪的时候，与名不见经传且饱受生活打击的郑少秋一见如故，她不顾舆论压力，全力扶持郑少秋的事业并安慰他的情感，在与他相恋九年后毅然同他登记结婚，且不惜冒着生命危险为他怀孕生女，然而他们的女儿来到人世还不到两个月，郑少秋却移情别恋。他们十年情感一朝云散，最终以沈殿霞遭到沉重打击而结束。

多年以后，沈殿霞在TVB主持的谈话节目开播，第一期节目的第一位嘉宾就是郑少秋。两人相对而坐，待节目结束后，沈殿霞突然很意外地问郑少秋："有个问题好久前就想问你了，今天借这个机会问你一下，你只需回答'Yes'或是'NO'就好，这个问题就是：在多年以前，你有没有真心地爱过我？"郑少秋听后，几乎只是稍加思索，便坚定而认真地回答说："我真的好爱你！"此言一出，沈殿霞立刻泪流满面，随即那幸福的笑容便荡漾在她迷人的脸上。仿佛历经多年的苦难和恩怨都在那句"我真的好爱你"这六个字中烟消云散了。

是啊，宽恕伤害自己的人是很难的，但能做到这一点的人却是高贵的。沈殿霞以女性不多见的博大的胸怀宽恕了曾深深伤害过她的男人，也为自己创造了一个融洽的人际环境，她这种化怨恨为祝福的智慧确实令人惊叹。

在生活中，大气会在一些女人身上显示超凡脱俗的优雅气质。

大气的女人可以巧施粉黛，也可以素面朝天；可以华衣美食，也可以箪食瓢饮；可以安居广厦，也可以寄寓茅舍；可以颐指气使，也可以独吟歌词……她无论身处何方，境况如何，也不管贫富贵贱、貌美与否，大气是这些女人身上显示出超凡脱俗的品质，卓尔不群的胆识，浑然于天地之间，融会于自然之中。

大气的女人，最能善解人意，她与人相处，和蔼可亲，她不会暴跳如雷，

出口伤人，或者指桑骂槐。

大气的女人，从不因鸡毛蒜皮的小事与他人斤斤计较，说话总是和颜悦色，大大方方，既不蛮不讲理，又不会得理不让人。与那种说起话来横眉竖眼、咄咄逼人，对人总是横挑鼻子竖挑眼的凶女人截然不同。

大气的女人从不说三道四，搬弄是非，她从不热衷听小道消息、花边新闻，从不和人叽叽咕咕、喋喋不休，抱着电话不放，或者咬起耳朵来没完。

大气的女人，不会因朋友的误解、男人一次偶尔的迟到而板起面孔，冷嘲热讽；也不会因同事的无意冲撞而怀恨在心，寻机报复。

大气的女人，最能领悟"宁静而致远"，她不会整天疑神疑鬼，时时担心受他人伤害，也决不工于心计每天检查男朋友的手机，翻看丈夫的口袋；大气的女人，拥有自己的精神独立，她不会害怕孤独，她有足够的耐心独自享受生活和等待丈夫，她不会不停地打电话追踪和催促在外面忙碌的丈夫，而是自己默默地修造自己的精神乐园。

大气的女人，给人一种宽松自在的感觉，她能使自己真正地坚强和自信起来，面对变幻的生活，大气的女人决不会惊慌。

大气的女人不是格格不入、自命清高，而是能够包容他人，懂得尊重别人的选择，也能认可不同人的生活方式。

幸福心语

dat heart
happiness

宽容有时需要妥协，但宽容不是妥协；宽容有时需要忍让，但宽容不是忍让；宽容有时需要迁就，但宽容不是迁就。宽容更多的是爱，在相爱中，爱人应该是我们的一部分。作为女人，你也许很娇贵，也许很单纯，也许很浪漫，但拥有一颗宽容之心，才是作为女人的幸福之本。愿天下的女人都能拥有一颗宽容的心。

HAPPINESS FOREVER

开朗一点，乐观的女人最幸福

女人是感性的动物，容易乐观也容易悲观，但是这两种状态都是可以改变的。对于女人而言，其生活的状态取决于她的选择，如果她选择了乐观，那么她的生活往往就会被快乐和幸福围绕，而如果她选择了悲观，那么她的生活便会阴云密布。

一个小女孩被妈妈要求去洗自己的衣服。但是小女孩边洗边感觉很委屈，因此连连叫苦。爸爸走过来问她为什么不高兴。

小女孩撅着嘴说："妈妈让我洗衣服，但我不喜欢洗衣服。"

父亲继续问："如果不高兴，是不是就可以不洗了？"

"妈妈说自己的衣服要自己洗，即使不高兴，也还是得洗。"

"那就高高兴兴地去洗吧。反正高兴是洗，不高兴也是洗。以后等你长大了有很多事情都要你去做，人的一生不可能总是做你喜欢做的事情。一旦具备了这样的品质，你就能够面对周而复始的新的挑战了。"

我们已经不是不谙世事的小女孩了，作为成熟的女人，我们已经明白了生活中有太多的事情是我们自己不能左右的。它不会因为我们的喜怒哀乐而发生改变，无论我们高兴与否，该来的会来，该走的会走。困难也一样不会因人的不快乐而减少，但是生活却可以因人是否快乐而改变，所以，我们有什么理由让自己不快乐呢？

做人难，做女人更难。对于这句话，女人们大概都很认同，感觉这话说出了女人的心声。但是，难归难，生活却还是要继续。因此，大可不必整日担忧生活中的困难和麻烦，更不必担忧未来会有什么困难，唯有乐观开朗，才是最真实的人生态度。

人不可能一直处在一帆风顺的顺境中，风水轮流转，好坏总是循环的，所以我们面对困境，心理上一定要做好最佳的准备，乐观处之，切勿盲目悲伤。

乐观的人能够积极行动，从悲伤和苦恼中找到幸福的踪迹，让自己的内心焕发希望。相反，悲观的人一味的怨天尤人，容易错失良机，不仅不会对自己有任何帮助，甚至会加重我们的不幸。

人生中的困难可以带给人悲伤，也可以打破平庸，诞生出不平凡，因此我们倒霉的时候也要保持乐观的心态。对于悲观的人来说，苦难往往会让人惊慌失措，仿佛人生没有了希望。不过有的人乐观向上，能承受住打击，甚至在苦难的压力下激发出更大的潜能，他（她）们坚信现在的灾祸就是对人生的考验，未来还是充满希望的。

慧光禅师经常云游四海，普度众生。一天，禅师正在大路上行走，看见一条小河，清澈见底，水中游鱼可现，游来游去毫无挂碍。禅师对身边的人说："做人要像鱼儿一样，明心见性，从容自得，要是做什么事情都执著，不懂得提起放下的道理，人生便苦恼不堪。"徒弟们若有所悟。这时天已将傍晚了，暮色苍茫。徒弟们都劝慧光禅师返回寺院，以免受傍晚清冷之苦，慧光禅师

却摇头说道："你们先回吧，不要以我为牵挂。别人若是问起你们我在何处，你们怎么回答？"徒弟们说："不在那时，不在那处，四方云游，了然无痕。"慧光禅师很满意，摆手让徒弟们退下了。

慧光禅师来到一家饭馆，刚坐下，老板娘就迎上来，一看是个和尚，便双手合十，连忙吩咐小二将素斋给禅师端上来。禅师称谢，埋头吃饭，可是在吃的时候，却听见老板娘愁苦的叹息声。禅师就问："女施主，有何事解不开，不妨说与老衲听听。"老板娘道："大师，我们这个小店小本经营，没有多少收入，我丈夫是个老实人，不会钻营取利，一天忙下来没有什么收获，心中十分苦恼。这样下去，我们的生活实在没有什么起色，也没有什么奔头，唉。"

慧光禅师问道："一天之中，你的孩子可曾遭遇不幸？你的丈夫可曾有损身体？你的小店可曾遭遇强盗？"老板娘说："没有。""这就对了，"慧光说："小本经营没有破产的风险，收入不多却可以供给己用，丈夫老实，自是没有三心二意，至于生活没有起色，全在于你的一个心境。天下不知道有多少人家羡慕你这殷实的小康之家。施主，平平安安过一天即是福，没有什么比这还重要，难道你为了生活上的起色，愿意你的丈夫涉险吗？所求过多则痛苦丛生，切记！"老板娘豁然开朗，面露微笑。

人生在世，没有单纯的福、纯粹的祸，有时候事情发生的瞬间，是好是坏仅仅就是一念之间，悲伤往往是我们自己强加给自己的。人生在世如果不懂乐观，就无法做到趋吉避凶，即使是幸福来临，也会失之交臂。乐观的人会把不利的条件转化为有利，把不幸转化为幸福。其实在很多情况下，只需要一点乐观，情况就会完全改观。

德国哲学家叔本华曾说："一个悲观的人，把所有的快乐都看成不快乐，好比美酒到充满胆汁的口中也会变苦一样。生命的幸福与困厄，不在于降临的事情本身是苦是乐，而要看我们如何面对这些事。"

在生活中，总有一些女人在感慨自己没有好机缘，没有好背景，认为是命运在捉弄她们。而乐观的人却不相信命运，而是乐观地看待困境，用自己的智慧和汗水绘就幸福的人生画卷，坦然地去面对苦难。

小萱莫名其妙地背了黑锅，并被老板炒了鱿鱼，老板要她下午到财务室结算工资。中午，她坐在公园的长椅上黯然神伤，突然，她发现一个小孩子站在她的身边一直不走，她便奇怪地问："你站在这里干什么？"

"这条长椅背上刚刚刷过油漆，我想看看你站起来的时候后背是什么样子的。"小家伙天真地说。

小萱怔了怔，笑了。她忽然忧悟：如同这双天真烂漫的眼睛想看到我背后的油漆一样，昔日那些精明世故的同事也正怀着强烈的兴趣想要偷窥我的窘态。选择和被选择不过是这个世界上时时刻刻都发生着的再平常不过的事情，这件事情对于我的唯一意义便是提醒我必须找到一个更适合自己的工作。

那天下午，当昔日的同事纷纷心照不宣地出来和她打招呼时，看到的却是一张与平日无异的平静美丽的面容。短暂的自我调整之后，她又找到了一份很不错的工作。

从小萱的遭遇中我们可以看到，乐观会让人充满力量，获得成功、幸福和健康，攀登到人生的顶峰。乐观的女人相信自己能适应环境，同样也能改变环境，一切都会因为自己的努力和付出而改变。没有"天时"，她们会韬

光养晦，为自己的目标做好充分的准备；没有"地利"，她们会在工作中观察、在观察中工作，寻找机会并创造机会；没有"人和"，她们能够化敌为友，建立良好的人际关系。

如果说消极的心态使人受制于自我设置的某种阴影，是失败的根源，是使生命失去色彩的毒药，那么乐观就是成功的助推器，是生命的阳光和雨露。如果你想拥有快乐的生活，就必须摒弃这种扼杀你的潜能、摧毁你希望的消极心态。

幸福心语

　　有一位哲人曾说："假使你每天担忧一回，那么一生便要损失好几年。有什么能改善的，那么就尽力而为之。锻炼你自己，不要忧愁，因为忧愁于事无补。"的确，忧愁只是白白浪费我们的时间而已，如同把许多好的东西扔掉一样。然而，忧愁还是像"魔鬼"一样附在许多人身上，使他们寝食难安，终日闷闷不乐，但这些人却总是习惯把自己的不快乐甚至是痛苦看作是命运对自己的不公平，却从没反省过自己，这些痛苦和忧愁是他（她）自找的，而不是外界强加在他（她）身上的。

摆脱情绪化，做淡定的女人

在男人与女人相处中，男人最怕的并不是陪女人逛街，也不是女人太过细心的关怀。他们害怕的，是女人瞬息万变的情绪。她们可以上一秒还在风情万种，下一秒就开始号啕大哭；她们也可以在上一秒可温柔可人，下一秒就变得凶悍可怕。如果说偶尔的小脾气是生活的调剂，那么一个 24 小时阴晴不定的定时炸弹就已经是属于生活的红色警报了。当红色警报拉响，一切就会走到无可挽回的地步。

洛思与吴刚最近正准备结婚这件大事情。与很多准夫妻一样，两个人也开始为一些琐碎的婚礼细节频繁争吵。不过，洛思的坏脾气却越来越重，稍有不顺就立马拎着包转身就走。吴刚跟朋友谈起这个问题，大家都说洛思是不是有些婚前焦虑症，让他先忍耐一阵子，等婚礼过后就都会好起来了。可是，吴刚仔细回想了这几年的相处，他觉得洛思其实一直都是这样情绪化的人，只是那时没考虑到结婚这个层面就没在意。可如果结婚了还要小性子，这样还怎么过生活？不过，现在也只有寄希望如朋友所说的，结婚后她能够收敛一些。

在拍摄婚纱外景的时候，洛思又突发奇想说要拍日落，而这是在拍摄计

划外，筋疲力尽的吴刚这时随口答了一句："你放过我吧，大家都累了一天了。"
洛思听了立马就不高兴了，她怒声道："我都要嫁给你了，这么小的事情你
都觉得我强迫你了……"然后劈里啪啦地开始一阵斥责。原本只是抱怨一下
的吴刚也一下子来了火气，他摘下领带直接跟洛思说，"你要是觉得我娶你
实在是高攀，那这个婚我们不用结了！"然后跟摄影师们一一抱歉，转身离开。

这次换成了洛思留在原地，随后，这场婚礼也被取消，而洛思的父母也
没有愤怒，只是希望吴刚可以与洛思给彼此一些时间，重新考虑两个人的关系。
得知父母竟然连斥责都没有，洛思在家又闹翻了天，而她父亲的一句话却让
她彻底没有了脾气："从小到大，你都是这样的任性妄为，从来都不会去想别
人的感受。我们没有办法教好你，所以我们会尽力去包容你。可是人家吴刚，
是娶一个可以恩爱相处的妻子，而不是一个情绪化的大小姐。"

女人天生感性，不像男人那样充满着理性色彩，其情绪特别容易被外界
的事物所影响。一片落叶、一朵凋谢的花都会牵动她们感伤的情怀。

面对生活中那些层出不穷的麻烦事，女人最容易发怒。所以，学会控制
自己的怒气，对女人来说特别重要。动不动就怒发冲冠、大发雷霆、横眉立
目的女人，不能说是一个优雅的女人，充其量只能算是个泼妇。

作为公司行政人员的文华，准时上班对她来说再重要不过了。可是，偏
偏文华住得离公司很远，每每遭遇堵车，迟到的厄运就会降临在她的身上。
因此，每天早上起床后，一想到那漫长的上班路程，拥挤的车厢，文华的气
就不打一处来。

到了公司，明明没有迟到，可是，她的心情却怎么也好不起来，看什么

都不顺眼。经常挂在文华嘴边的一句话就是："怎么这么烦？"

像文华这样的情况，你也许不会陌生。偶尔情绪不好，发点小脾气，这是人之常情，但是如果你经常这样，那可就要当心了，因为在不知不觉中，你已经成为了情绪的奴隶，陷于情绪的泥潭中而无法自拔，从而失去了原本属于自己的幸福生活。

在实际生活中，聪明的女人都懂得要做情绪的主人这个道理，但遇到具体事情的时候却总是知难而退，"控制自己的情绪实在是太难了"，言下之意就是"我根本无法控制自己的情绪"。别小看这些自我否定的话，这是一种严重的不良暗示，它真的可以毁灭你的意志，丧失战胜自我的决心。还有的人习惯于抱怨生活，"没有人比我更倒霉了，生活对我太不公平了。"在抱怨声中她得到了片刻的安慰和解脱："这个问题怪生活而不怪我。"结果却因小失大，让自己无形中忽略了主宰生活的职责。

女人要学会做自己情绪的主人，你可以试着改变一下对身处逆境的态度，用开放性的语气对自己坚定地说："我一定会走出情绪的低谷，做情绪的主人，现在就让我来试一试！"这样你的自主性就会被启动，沿着它走下去就是一番崭新的天地，你主宰着自己的情绪。

聪明的女人通过记录，来控制自己的情绪。记录近期所发生的令你印象深刻的事情，并描述当时的感觉。经历，无论是成功的、失败的，愉快的或是不愉快的，只要我们能够很好地去总结，去梳理，去发现，经历就会成为一笔财富。因此，当你不知道自己的坏情绪究竟来自于何处时，那就记录下所发生的事情，好好地梳理分析。这样，你便会清楚，究竟是怎样的一种情绪困扰了自己，为了走出困境，我们应该采取怎样的行动。

聪明的女人通过静思，来调节自己的情绪。找一个安静的角落，静静思考。这个角落可以是无人打扰的卧室，有轻柔音乐相伴的情调咖啡厅，空气清新的花园，总之是能够让自己安静下来的地方。这个时候，或者可以闭上眼睛，反复思考，或者可以边步行边思考，慢慢体察自己心情起伏跌宕的状态，了解它究竟是什么。

聪明的女人通过倾诉，来改善自己的情绪。试着和别人说出自己的感觉。虽然你不清楚这感觉究竟是什么，但你可以试着把发生的事情讲给你的朋友或家人，在这种互动式的交流中你或许会清楚自己究竟为何烦恼。

很多时候发现问题比解决问题更重要。清楚你自己究竟怎么了，到底想怎么办，这才是走出恶劣情绪的第一步，也是关键的一步。

幸福心语

情绪如同四季交替般自然发生，一旦情绪产生了波动，个人就会表现出愉快、气愤、悲伤、焦虑或失望等各种不同的内在感受，假如负面情绪常出现而且持续不断，就会对个人产生负面的影响，如影响身心健康、人际关系或日常生活等。所以，聪明的女人一定要学会做情绪的主人。

放下忧患，给自己一份阳光明媚的心情

古时，先辈们曾将忧患意识作为人生价值观的核心。孟子说："生于忧患，死于安乐。"在他看来，人要在忧患中磨炼自己的意志，培育自身高尚的理想和情操。而上升至国家、社会的高度，忧患意识更显得十分重要。缺乏忧患意识，便容易对各种突发状况准备不足，造成严重的后果。在忧患中奋进，已经成为治国平天下的根本。然而，我们在这里要说的"忧患"，却与传统意义上的"忧患"有一点点差别。这种"忧患"是针对个人得失的，是过分计算个人得失而产生的忧患心绪。

与某些完全没有忧患意识的人相比，有些人的忧患意识显得太过分。总是担心自己身上会发生什么不好的事情，小心翼翼地生活，容不得自己失去任何一点儿东西。到头来，将自己折磨得颇为神经质，不但并不会减少自己的失去，反而容易让自己失去更多。可越是在意，就越会因此而痛苦，久而久之，成了一种恶性循环。儒家讲"哀而不伤"，其意就是说不要过度忧患。人生已经足够辛苦，何必再让自己活得担惊受怕。

女人通常活得细致，将自己的所有都安排得井井有条，并时常担心自己会出这样那样的问题。很多女人会特别注重自己的身体，不管是身材，还是健康。比如，即使身材苗条的女人，也不会承认自己的身材已经很好，还要

将减肥、塑身挂在嘴边，不断地通过各种手段折腾自己，生怕体重再增加半分。比如，已经身处一个比较好的生活环境，还要不断地讲究生活的品质，让自己置身于一个过分清洁，一尘不染的环境中，生怕自己的健康出现问题。还有的女人过分注重感情的得失，明明已经得到一个无微不至的爱人，却还觉得不够安稳、不够安全，还要想尽办法抓牢身边的人，总是想着万一某天这个人突然离自己而去了该怎么办。这些"忧患"频繁地出现在女人们的生活中，不仅不能带来成功，还会起到相反的作用。

　　过于"忧患"的女人很可怕，小洁的身边就有这样一个女人，是与她合租的房客，最初相识的时候，觉得这个女人很清秀、很通情达理，会是适合长期交往的朋友。后来才渐渐发觉这个女人致命的弱点，太过惧怕生活中的坎坷，时时刻刻都在防备自己的身上发生各种状况，并且从不为自己已经得到的东西感到满足。她有一份每年都会加薪的工作，有足够的假期，从来都不会加班，但她还是不曾觉得踏实，工作中只要出现一点问题，她就诚惶诚恐，天天在朋友面前诉说，说自己万一被领导批评了怎么办，万一丢了工作怎么办。朋友开始还好言相劝，到后来就只剩敬而远之，逃跑的份儿。因为发现这样的人根本就不是靠劝说就能改变的。

　　几个月之后，这个女人恋爱了。男友是某公司的经理，事业方面很有前途，且要房有房，要车有车，对她也算真心实意。可就算是这样优秀的男人，也丝毫不能改变她那些无端的忧患。整日幻想那些不切实际的状况，生怕男人与别的女人发生不清不楚的事情。于是将男人的日常生活抓得紧紧的，稍有风吹草动就草木皆兵，大做文章。小洁实在看不过去，担心她这样下去会把喜欢的男人吓跑，就劝过她几次，结果竟然被她当作情敌，以为小洁要与她争男友。最终，小洁实在忍无可忍，只好下了逐客令。结果，她在临走前还向小洁抱怨，说之前就觉得与人合租不是长久之计，容易出现各种各样的问题，现在看来果真如此。小洁笑了笑，没有再与她争执。"与这样的人根本没办法沟通"，小洁至今还心有余悸："同样是女人，我真不明白她究竟为什么会这样，总是担心这担心那，人家都说人不能没有忧患意识，可像她这样也太过分了。"

人生苦短，何必斤斤计较。越是害怕遭遇祸患，越是容易发生事端。整日生活在惶恐不安中，也并没有减少事故的发生。该遭遇的避免不了，该失去的也终将会失去。淡然面对命运带来的坎坷，反而可以令自己摆脱那些毫无意义的胡思乱想。当然，淡然面对并不意味着完全不在乎，真正淡然的女人是懂得如何恰到好处地保持自己的忧患意识的。记得多年前遇到过一个活得很自在的女人，总是可以很好地安排自己的工作和生活，将一些需要未雨绸缪的事情做得恰到好处，而那些不需要去计较的事则随缘而定，从不会钻牛角尖。遇到坎坷和失败，也会用一种积极的心态面对，找出问题所在，避免再发生此类事情。由此，任何事情到了她的手里，总会迎刃而解。朋友问过她，为什么能够如此从容不迫。她笑着答，与其多一些毫无意义的顾虑，不如多一分悠然自得。人生总会面对各种各样的祸患，免不了的事就平静地接受，没有什么不好。有些人以为只要多点忧患意识就能避免意外的发生，但忧患也不是越多越好，多了反而容易适得其反。

幸福心语

抛弃那些担惊受怕的日子，还自己一份阳光明媚的心情，少一分忧患，多一分悠闲，人生会变得更加幸福阳光。

HAPPINESS FOREVER

Chapter Six

第六章

◎在爱与被爱中享受幸福

爱，是坚定的信念。在现实生活中，爱情过了保鲜期，经过柴米油盐的过滤，很难保持原汁原味。而真正的爱，能做到不离不弃，相濡以沫，在逐渐老去的时光里还能坐在摇椅上互相搀扶。

互相磨合，婚姻需要彼此适应

有两粒沙子相爱了。其中一粒对另一粒说："我要磨碎自己，把你包起来，永不分离。"另一粒也这么说。于是两粒沙子便相互摩擦着身子……终于，两粒沙子都磨碎了自己，尽管此时它们谁也无法把对方包起来，可此时两粒沙子已经完全融合在了一起，分不清谁是谁了……

男女间的缘分就像这两粒沙子一样，只有相互不断地摩擦，才能最终相互融合，长相厮守。尽管摩擦有时候很痛，但千万别失去信心，不然，生活的"潮水"就会在你们没有融合前把你们冲进大海，永远无法再见面。

几乎每对夫妻的婚姻都会经历一个这样的磨合过程，只不过长短不同罢了。这是因为夫妻作为两个个体，尽管情投意合相亲相爱，但是也不可能在方方面面达到完全一致、和谐默契。无论是面对具体而又琐碎的现实生活，还是一些观念上的差距，尤其是在亲情、爱情、友情、事业、金钱等方面的价值观的一些差异，都需要经过磨合。

磨合可不仅仅是说说那么简单，我们需要做到理解、包容，还有让步。通过理解、包容和让步，夫妻关系才会自在、默契与和谐。这需要夫妻双方都珍惜夫妻感情，顾及对方才能做到。

婚姻初期，这种磨合是自愿而又愉快的。随着婚龄的增长，这种磨合会慢慢地变成委屈与不甘。激情不能充斥婚姻的全程，而磨合却是自始至终。有时候我们以为自己的婚姻过了磨合期，殊不知那些曾经磨光的棱角还有再生的可能，何况婚姻的进程中还会滋生新的荆棘。此时如果放弃继续磨合，那新生的荆棘就会像荒草一样蔓延。

也许有些棱角像金刚石一样耐磨，有些刺总能顽固地再生，但我们不要因此而失去勇气，要用一生的包容和理解去成全一份美好的婚姻。

爱之万象，皆始于浪漫，归于平凡。市井人生，柴米夫妻。朴素的真情常常蕴含在平淡的岁月琐事中。"执子之手，与子偕老。"能够在婚姻的旅途中披荆斩棘，在磨合中走到终点的女人，就拥有最完美的人生。

1. 爱他就要适应他

每个人都有自己的兴趣爱后，也都有自己多想养成的习惯。当妻子面对有不同兴趣的、不同习惯的丈夫时，应该怎么办呢？

（1）应对丈夫不同兴趣的妙招

当丈夫与你有截然不同的兴趣爱好时，首先你不必太在意，更不应该感到苦恼。现实生活中，其实很难找到一对性格、情趣、爱好都完全相同的伴侣。婚姻是否幸福，其主要标志在于夫妻二人是否心心相印、息息相通。当然，共同的兴趣爱好或许会使爱情之花更芬芳艳丽，但没有这些，也不会使爱情之花枯萎。

其次，你如果想使你们之间的兴趣爱好趋于平衡，从而达到心理上的协调和相通，那也不能要求对方马上改变自己的兴趣、爱好，更不能把自己的兴趣、爱好强加给对方，否则只能是适得其反。你应该在彼此平等的基础上尊重、适应对方的兴趣爱好，并引导他逐渐了解、接受你的兴趣爱好。

再次，你和丈夫之间还应该相互学习，在条件允许的情况下，多共同参加各种各样的活动，在活动中培养双方共同的、广泛的兴趣爱好，使爱情锦上添花。

（2）与丈夫习惯不同怎么办

夫妻双方的性格、习惯、脾气都是长期以来逐渐养成的，如果你把自己的生活习惯强加给丈夫，不但不会达到预期效果，反而会使矛盾恶化。因此，如果他只是有些无伤大雅的不同习惯，你可以慢慢适应，不必强求他改变。

如果你认为丈夫的习惯确实有改正的必要，如吸烟、酗酒、整宿地玩游戏，那就选择双方心情都较好时进行协商。对于比较难改的习惯要反复地、心平气和地与他商谈，直到丈夫认识到自己的习惯确实不好，并努力改正为止。

学会对事物、事情做客观的分析，尊重丈夫对于某一事物与你有不同的看法，逐渐使你们之间对问题的评价或看法趋于一致，促进夫妻感情深化。

在生活中努力和丈夫培养一种默契，一种能够彼此理解又不伤其感情的默契，从而扬长避短，使夫妻和睦、生活幸福。

2. 给点自由，别以爱的名义改变他

两个人走在一起，并不意味着成为了一个整体。其实每个人都有自己的思维方式和生活习惯，即使在一起了，也依然是两个独立的个体。不管你承不承认，不同的理念总会令两人的思想难以统一而导致冲突。这时，就很需要用理解和宽容来化解矛盾。如果你一心只想把爱变成改造爱人的工具，想要对方按照你的意愿生活，其结果往往会让爱和被爱的人都会感觉到很累。于是等到两个人都累到无法承受时，婚姻就走到了尽头，爱也消逝得无影无踪。

很多沉浸在热恋中的人们都希望能重新塑造自己的伴侣，这源于他们一种强烈的占有欲望。她（他）们常常这样对对方说：真想把你变小一点儿，装在我的衣袋里，这样无论走到哪儿都和你不分离……这话听起来是无比的甜蜜，表达了时刻不想分离的意愿，可实际上，这句话的背后隐藏了我们内心之中的那种占有欲。这和有些父母一边称呼自己的儿女"宝贝"，一边对他们进行独断专行的管教，有异曲同工之处。有的父母经常威逼孩子"只能穿我给你选的衣服，不许做我不喜欢的事情"。他们认为这就是爱孩子，是为孩子好，可是孩子快乐吗？他并不快乐。

同样的，当你按照自己的价值观和兴趣来改造自己的爱人，你所做的一切都是以爱的名义，你很快乐，也很满足，但是，他不会快乐。

开放自己的心胸，接受对方的差异，如果对方的差异让你不快乐，你们可以互相来积极地分享彼此的快乐，他是内向的，也许社交能力差一些，你就帮他来弥补；她是脆弱的，也许不够坚强，你可以来帮她分析和排解。来吧，两个人一起做一些事情。爱情里面两个人都不是主角，我们通常在爱情中首先要关心自己的感受，其次才是对方的感受，这是正常的，但是我们不要忘记，幸福的爱情在自我感受的基础上，还有一个前提，那就是我们的"这份爱"，它才是主角，才是婚姻生活中最重要的部分。

不是说距离产生美吗？其实夫妻或恋人之间适当地保持一定的距离，让对方拥有自己的时间和空间，不要总用挑剔的目光去看待对方，不要总按自己的要求去衡量对方，不要总把对方看成是自己的私有物品，不要总是毫无缘由地生出许多猜疑……也只有这样，爱才能长久，婚姻才能幸福。

3. 婚姻细节不容忽视

不拘小节的英雄俊杰，被人们赞其豪爽，然而对于由一连串琐事组成的婚姻生活，无论是丈夫或是妻子的不拘小节，往往会造成致命伤害。

每个人在婚前都会对婚姻生活怀有美好、浪漫的憧憬，可当人们真正步

入婚姻的门槛之后，才发现婚姻生活还有让人烦恼之处：琐事太多。柴米油盐酱醋茶，样样得人操心；孩子、工作更是不容人稍有疏忽、懈怠，于是很多人就逐渐在这日复一日的操劳中疲了、乏了，忽视、忘记了关注和检点自己对小事，尤其是婚姻中小事的态度与做法。

提起恋爱时候发生的事，张娜至今对许多细节还能记忆犹新。她记得最清楚的是大三那年的圣诞节，男朋友用打工挣来的钱买了一束花给她，"圣诞节的玫瑰多贵啊，天又冷，他站在女生宿舍楼下面等我，好多进进出出的女孩都看见了。我那时就觉得自己跟了他，真幸福。"2002 年，张娜和男朋友大学毕业了。为了能留在同一个城市，两人没少费周折，张娜的男友甚至放弃了南方一个开价年薪 10 万的工作，"毕业聚餐时，几乎全系同学都祝福我们，说我们是模范情侣，结婚也就成了顺理成章的事。"张娜现在感到困惑的是，恋爱时两个人都没什么钱，可也过得有滋有味，为什么结婚以后，生活就变得那么平淡，甚至还矛盾重重？而老公也像变了一个人似的，跟以前截然不同。他们婚后的生活常常因为一些小事而陷入争吵，这使得张娜万分苦恼，对老公的失望也越来越多。

婚后他们租住的房子比较老，墙皮都掉漆了，地板还是水泥地。搬进来一个月，张娜准备好好收拾一下，买点新家具，把墙面粉刷一下。跟老公一商量，他却说，花那些钱干吗？这样住着不也挺好吗？"我就不明白了，那么简陋的房，算作我们新婚后的第一个小家，他怎么就可以将就？"以后各种各样的琐事充斥了整个生活，比如买电，因为两个人上班的时间都比较固定，到银行买电就成了麻烦事。有一次电表已经亮红字，开始警告了，张娜让老公第二天上班的时候顺便到单位附近的银行买。谁知晚上回到家，红字还是亮着。累了一天的张娜一气之下声音就提高了，跟老公说："你再不买就停电了，咱俩晚上都得摸黑。"谁知老公两眼一瞪，回了她一句："嚷嚷什么啊，真啰嗦。"张娜说，那是他们第一次吵架，回想起来她特别气愤。而以后的日子里这种小吵小闹时不时地发生，婚后的生活完全不是她当初所想象的充满激情。婚前和婚后的差别更是让张娜受不了，虽然这些事情只是一些小的事情，可是，生活难道不是就是由这些小事串接起来的吗？以前做学生的时候，他们哪怕省下钱，也会到学校附近的大华电影院看一场电影，当年上映《泰坦尼克》的时候，两人还感动得哭了一场，红着眼睛出的影院。可是结婚以后，她如果再想出去看电影，老公就说没意思，顶多买一些影碟来回家看。以前两人在学校的时候，他们常常避开班级的集体活动，找个图书馆也能去约会；可现在，老公周末居然经常把她扔在家里，自己出去找以前的同学玩，张娜一提意见，老公就说："两个人成天腻在一起，烦不烦？"

"我也不知道怎么搞的，结婚以后生活变得没意思透了。整天上班下班，回来后吃饭睡觉，以前有那么多好玩的东西，现在什么都懒得做了。老公也变了，以前挺浪漫、挺体贴的一个人，现在怎么就那么不讲理，那么小家子气。早知道这样，当初还不如不结婚呢。"张娜说。

类似张娜的情况在生活中不少见，一些小夫妻为此闹离婚。根据调查，恋爱的激情期大概也就是 18 至 30 个月，所以才出现了在恋爱时期两人感情如胶似漆，结婚以后就慢慢淡下来的情况，但是，毕竟婚姻不能只靠激情来维持，过完这个激情期后，就要学会去适应对方，适应婚后的生活，这样才不会产生"审美疲劳"。其实，要保持婚姻就要守住平淡，准备结婚的男女应该做好充分的心理准备，要明白婚后的生活肯定会跟恋爱的时候不同。

一位处理过众多离婚案的资深律师意味深长地说："婚姻的悲剧很少是由真正的大灾难引发的；而平时生活中的那些似乎不起眼的、易于为人所忽略的小事，则往往是导致离异的根源。"

一位丈夫得知妻子与他离婚的原因是从不送她礼物后，非常想不通，他说："钱就在抽屉里搁着呢，她缺什么东西不会自个儿买吗？在我看来，家里什么都齐全，什么都不缺。"

在生活中，与这位丈夫有同样想法的人还不在少数。他们总是认为这类小事不足挂齿，根本无须费神去记。殊不知，正是这类看起来微不足道的小事，使他们的配偶认为他们的爱情太过粗糙，缺乏温情与细腻，久而久之，自然会心生积怨。

所以，在婚姻生活里，千万别忽视生活细节。一杯清茶，一个眼神，也许就能起到一个钻戒也无法起到的作用，同样，也许忽略一个小的细节，就可以让婚姻产生难以弥补的伤痕。

4. 拒绝沉默，婚姻更需要沟通

当恋爱时的冲动与迸发已在岁月的磨砺下使婚后生活逐渐降温，趋于平和，当一日不见如隔三秋的依恋之情落入朝夕相处的现实枝蔓，当卿卿我我缠绵悱恻的热恋回归平淡生活，当海誓山盟成为按揭买房、孩子入托之类的具体事务，婚前情话多多的恋人，婚后变成了沉默寡言的夫妻，婚前的浪漫似乎早逝，蜜月的温情似乎不再。是爱情质量过期？还是婚姻之痒作祟？在社交艺术中，有一条经验为：沉默是金。而家庭内，特别是夫妻间，如果也"不苟言笑"，或感到"无话可说"，那你就得警惕了：两个人的关系是不是出现了危机。

　　小美和云峰相恋 3 年，恋爱时亲密无比，经常看电影、逛公园、说情话、发短信。但蜜月过后，云峰好像变成了另外一个人，恋爱时那种情意绵绵、只羡鸳鸯不羡仙的感觉从此不再。云峰是一家 IT 公司的业务总监，工作特别忙，公司离家又远，每天下班回家一副筋疲力尽的模样，有时小美问他几句，他只会回答"是"与"不是"，好像不太愿意跟小美多说一句似的。小美问云峰："你每次跟我说话怎么总是一点表情也没有？你是不是嫌我烦我了？"云峰说："你这人真的有点烦，你知不知道我工作有多累？都为人妻了，也不知道体谅一下别人。一些家务小事，你安排一下就行了，一天到晚唠唠叨叨的，像个老太婆。"小美听了，气得七窍生烟，于是两人就吵了起来，之后一段时间，他们便陷入了"冷战"。

　　小美对丈夫婚后的"寡言少语"很不理解，以前恋爱时，云峰什么事都爱跟小美说，大到他升了职，小到中午吃什么，可现在……小美怀疑云峰是不是另有所爱了，云峰解释说："婚都结了，该安安静静过日子了，不爱你我会娶你吗？还要像哄孩子那样天天讨好你，这样的生活累不累？"小美觉得云峰说得也有些道理，于是尽量不再打扰他，两人各做各的事，互不干涉。云峰每天下班回家，第一件事就是打开电脑上网，小美则沉浸在冗长的电视剧故事情节里。家里的两部电器，垄断了小美和云峰之间的所有时空，小美和云峰之间安静得就像客厅里的两张沙发。好几次，小美从电视剧里回过神来，发现他已经伏在电脑桌上睡着了，此情此景，小美时常问自己："这难道就是我们的夫妻生活？"

　　很明显，这样的生活不是小美和云峰想要的生活，但是他们却无从下手去改变。其实，在当社会，刚刚步入婚姻的男女往往表现相差太远，男人专

注于事业的拼搏，而女人仍然沉湎于爱情的甜言蜜语之中。婚后的角色转换，男女之间对夫妻角色有了不同的期望与认同，夫妻双方的矛盾与冲突也就在所难免。其实，有矛盾有冲突不是最糟，最糟的是两个人住进了玻璃房子，相互害怕玻璃破碎，一切都小心翼翼，看上去客客气气，其实没有心灵的沟通，日渐疏远。

也许我们太喜欢含蓄的去表达内心情感，并奢望对方能理解出其中的微妙情愫，但是这样的感情表达方式往往忽略了人格潜在的多面性，猜测与假想是人性最致命的弱点，它一旦产生，便会成为婚姻中最无形的危情隐患，如果任由它肆意长时间的发展下去，那么感情的天平将会极度失衡，最终生活在婚姻围城内的两人将开始背道而驰的旅行，直至走到感情决裂的边缘，这绝不是我们想要得到的结果。

不久前，日本一家人寿保险公司做了一次调查，发现日本夫妇，每天一般可交谈 1 小时 50 分钟的话，对此，他们觉得奇怪，日本夫妻每天竟有这么长时间在交谈。后来经过进一步核实，才发现不是"交谈"，大多数情况下，是妻子在嘀咕，丈夫只是偶然点头或"哦"一声而已。调查还发现，日本丈夫和太太的谈话主题有三大项，就是"吃饭"、"洗澡"和"睡觉"。对此，日本有位婚姻专家分析指出，日本离婚人数越来越多的一个原因，就是日本夫妻的"交谈"次数越来越少的缘故。

而据心理学教授哈卫克观察，一般夫妇平均结婚 4 年之后（甚至更早），男方对女方的注意力开始降低，再加上孩子、家务、生活和工作压力，很难维持恋爱或新婚时的心境，热情逐渐被冷漠取代，夫妻关系日复一日、年复一年地受日常生活中的例行公事、平淡无聊侵蚀而失去光彩。

夫妻间缺乏感情交流是滋长"爱情厌倦"心理的重要因素。夫妻间的和谐关系是靠思想信息的交流来维护的，包括互相的尊重与欣赏。缺乏情感交流的夫妻，隔阂会浸渗到生活的各个方面，使双方渐渐疏远，由相互看不惯直到相互厌倦，"爱情厌倦"心理便由此而生。当然，夫妻之间的沟通，要的是一种温馨的聊天氛围，而不是非要争个长短曲直不可。如果总是为一点小事争执不休，又怎不令人有精疲力竭的感觉呢？经常用冷言恶语攻击对方，是造成夫妻隔阂的罪魁祸首。不要总想着自己的尊严，夫妻间主动热情的沟通，本身就是对爱人的一种尊重与依赖。不能因为熟悉了，所以不再交流。家庭生活如果总是在同样的时间以同样的方式进行，就会失去乐趣、新鲜感和刺激性，这是外遇给婚姻提供的反面经验。

真正的爱需要两个人一起的成长，这就需要交流。幸福的夫妻生活需要共创，多在家庭生活中安排一些娱乐活动和交流感情的机会，这不仅仅是巩固和发展夫妻关系的需要，同时也是对繁忙紧张工作的调剂，从沉默的婚姻中解脱出来，以旺盛的精力和充沛的体力，继续工作与学习。

婚后感情的维系并没有大家想像的那么繁琐复杂，有了恋爱时的感情基础，婚后，我们所需要交流付出的其实很简单，一个眼神；一个拥抱；一个亲吻以及一些充满真挚感情的话语，试想，这会消耗你多少的时间与精力？而当你毫不掩饰的倾诉后，你将会明白，你所得到的将是几十倍甚至上百倍的回报，有什么比婚姻幸福更让人惬意而幸福的呢！

不要再让我们的爱琢磨不透，给彼此一些时间与空间将爱释放，那时我们将会真切的感受到，曾经以为遥不可及的幸福原来一直就在身边不曾远离！

幸福心语

　　世界上没有完全相同的两个人，当个性不同的男女走进婚姻的殿堂时，需要不断地学着去适应对方。聪明的女人懂得，幸福的婚姻需要磨合，这个相互磨合的过程也就是你适应我、我适应你的过程，就如同急流适应河床，相互适应了，婚姻就如同走入正常河道的水流，一路向前奔腾。反之，则会出现偏差和障碍。

HAPPINESS FOREVER

珍惜才能拥有，付出才能长久

　　不知你是否发现？在我们身边，总有这样一群女人：有强烈的家庭责任感，不计代价地为家庭付出是她们的天性。她们总有做不完的家务，总是不停地做了这件事做那件事。她们一刻也闲不下来，即使坐下来休息一会，她们也在想还有什么事需要处理。她们整天忙里忙外，把家里布置得干净而温馨，从而创造出一个舒适的居家环境。除此之外，她们还要照顾孩子、伺候老公、孝敬老人等，她们需要做的事情数也数不清，做也做不完。她们完全把自己融入家庭，融入对方，即使很累很累，她们也会乐呵呵的，感到得意和满足。这样的女人是无私的，这样的女人才是懂得珍惜家庭、懂得为家庭付出的幸福女人！

　　当然，在我们身边，也有不少女人，不懂得珍惜家庭，不懂得为家庭付出，她们认为目前的一切所得都是理所当然的，所以，她们不会在乎丈夫的劳累和辛苦，不会体贴和关心丈夫，不会细心教育孩子，更不会去照顾不是亲生自己的公婆。家庭，对于她们来说，只是一个概念而已，家庭需要她们付出时，她们会觉得委屈，觉得不公，这样的家庭会长久吗？

　　珍惜家庭，懂得为家庭付出，你才能获得家人的认可，并从中感受到自己的价值。拥有一个幸福的家庭其实并不容易，尤其是幸福到白头偕老更难。

拥有幸福的家庭需要珍惜和付出。一个家庭，丈夫有丈夫的责任，妻子有妻子的职责，两个人的脑子里时刻抱着"珍惜家庭、为家庭付出"这个想法，才能过得幸福、过得甜美。

下面给大家讲一讲茵茵的故事：

茵茵和翔恋爱三年，到了谈婚论嫁的年龄，翔便带她去见居住在另一座城市的父母。由于翔相貌英俊，又工作出色，而茵茵却看起来相貌平平，个子又矮，又是毫无家庭背景的农村女孩，因此，翔的父母坚决反对他们两个结合。为了让儿子和茵茵分手，翔的父母还特意为他物色了一个漂亮女孩。但翔深爱着茵茵，无论如何不愿与她分开，任父母数次找上门来，迫使他与茵茵一刀两断，他都没同意。无奈之下，翔的父母只好和儿子搞起了冷战。

翔和茵茵是真心相爱的，虽然翔的父母强烈反对，但他们还是像夫妻一样如胶似漆地住在了一起。茵茵很珍惜这来之不易的感情，不但工作努力，而且对翔恩爱有加。同居的日子非常甜蜜，很快，茵茵怀孕了。为了把孩子生下来，茵茵辞了工作，做起了家庭妇女。茵茵曾在职场上有过作为，放弃工作绝不是她的本意。但在家庭经济条件尚能维持普通的生活水平的情况下，她选择了放弃工作，默默地为"家庭"付出，实为可贵。茵茵穿着朴素，花钱节俭，尽量让日子过得平安幸福。好在翔工作虽然辛苦，但收入还不算太低，一个人赚的钱能够满足"一家人"的基本生活需要，在茵茵的精打细算下还有节余。

儿子出生后，茵茵在家照看孩子，她说："孩子小时候需要母亲比较多，我非常情愿，尽管暂时放下了工作，但这个代价也不算大！我很顾'家'，我觉得有稳定的家庭关系比较有安全感。"平时，茵茵除了照顾孩子外，还要买菜、做饭、洗衣服、拖地等，为了家庭几乎失去了自我的时间和空间，但她毫无怨言，反而深感幸福。

儿子一岁的时候，翔的父亲得了一场重病，翔便带着茵茵回家看望父亲。住院期间，茵茵和翔的母亲一起在医院细心照顾翔的父亲。茵茵一点不计较前嫌，她是那样孝顺，那样体贴，那样贤惠，那样温和，翔的父亲才明白为什么当初儿子舍不得离开她。

翔的父亲病好后，父母拿出了五万元，说是给茵茵的结婚聘礼，让他们择日举行婚礼。得到公婆认可的茵茵倍感幸福，她激动地说："我会好好珍惜和翔的情感，好好珍惜来之不易的家庭生活，我会心甘情愿地为家庭的幸福付出自己的时间和精力。"

以上这个事例说明：珍惜才能拥有，付出才能长久。假若茵茵不珍惜和翔之间的缘分，不珍惜他们在一起的生活，不珍惜他们所建立起来的"家庭"，不懂得为"家庭"付出自己的时间、精力、心思，或许他们两个早就在翔的父母的反对下分手了。正是因为茵茵懂得珍惜，懂得付出，她才能得到翔的真爱，得以和翔组建"家庭"，并最终得到公婆的认可。

我们常说："相爱容易，相守难"。难就难在有的人不懂得珍惜两个人之间的缘分与感情，不懂得珍惜在一起的生活，不愿意心甘情愿为家庭付出。一个不懂得珍惜的人，能一直拥有自己得到的东西吗？一个不懂得付出的人，能和自己相爱的人天长地久吗？显然不能！

家庭是社会的细胞，是人生的港湾，是亲情的乐园，是幸福的聚集地。没有家庭的团结，就没有社会的和谐；没有家庭的温暖，就没有遮风挡雨的空间；没有温馨的情感，也就没有人生的甘甜和美好。因此，为了永远拥有

一个幸福的家庭，珍惜它并为之付出吧！

幸福心语

dell heart
happiness

当一个女人懂得珍惜家庭、珍惜情感的时候，她就会为家庭、为情感付出；当一个女人懂得为家庭付出、为情感付出时，她也就珍惜了她的家庭和她的爱人、孩子等。一个懂得珍惜家庭、懂得为家庭付出的女人是幸福的，这样的女人才能为家庭的幸福、美满、稳定而不辞劳苦，才能得到丈夫长久的爱，才能建立和维持家的幸福、温暖、和睦、平安。

浪漫情调，营造一个温馨的家

女人一般都喜欢漂亮的桌椅和精巧的家具及许多雅致的装饰品等，但对一个疲倦归家的丈夫，这些高贵、美丽又感觉让人难以亲近的家具，永远不会比随便就可躺下或可以跷起二郎腿的旧沙发来得可爱。

一个家若要给丈夫有一种舒适的气氛，就要使他有"回到家就好像全部都解脱了"的感觉，使他感到世界上再没有比家里更舒服的地方了，让他下了班最想去的地方就是回家，这是你把他的心留在家里的最好办法。

另外，丈夫对自己居住环境虽然并不太讲究，只要能让自己舒服就好，但却看不惯妻子的懒散。

很多男人都认为住在整洁的公寓房子里，比住在凌乱不堪的豪华套房要舒服得多。从来不按时吃饭，厨房乱七八糟，只能使得丈夫不愿回家。

三毛说："要讲究住得有情调的话，是不是一个富有的人才能够达到这样的要求？我不是这样的看法。一个纸灯笼多少钱？一个软垫子多少钱？你的屋子小，那么把床丢掉，地上面铺一块漂亮的彩布，丢几个软垫子，再挂一个纸的灯笼，所谓情调、温暖、家的味道统统出来了。

我非常喜欢住出生活的味道来。见过很多豪华之家的布置，他们的布置

就是给人一种阴森森的感觉，在里面，我的手都放在膝盖上不敢动。住在里面的人也不快乐，往往不知道为什么，他们懒惰萎靡、情感生活不美满、永远嫌钱赚得不够多……因为你感觉没有地方可以让你藏身。所以，我太注重我的窝了。人家说，'金窝窝、银窝窝，比不上自己的草窝窝。'

我认为住的地方，最重要的一点就是一定要让自己快乐。这是很重要的一点经验之谈。"

这种看法是非常有见地的。每个做丈夫的都喜欢回到家里能看到妻子打扮整洁、笑脸相迎、温柔相待；屋子里窗明几净，餐桌上饭热菜香。这舒服的一切会自然地让他把一切的烦恼都抛到九霄云外，剩下的就只有人生乐趣了。

人们总说，女人天生就爱浪漫，其实男人同样也喜欢。也许他们并不懂得如何去浪漫，但是他们的内心依然渴望浪漫的发生，而且他们更渴望拥有一个懂得浪漫、会制造情调的妻子。因为当女人浪漫的时候，敏感娇柔，而眼眸里那种朦胧的动情，会让他的思想也因此惶惑。当她用这种眼神注视着男人时，对于男人来说，这是致命的诱惑。

然而，漫长的婚姻常常会在不知不觉中使生活变成了一杯白开水。生活中的柴米油盐会让女人那颗本来很浪漫的心安静下来，变得平实而乏味，不再注重情调，不再有柔情似水，日复一日的生活中，激情的火花已经很难再找到。而男人需要的不仅是穿衣吃饭，更需要一种浪漫、一种情调——来自妻子的一句温柔关心的话，有时比任何美味佳肴都更让人觉得享受。所以，聪明的妻子应该懂得不仅要享受浪漫、珍惜浪漫，更要为爱情和婚姻创造浪漫。

她已经结婚很多年了，老公是一家公司的财务总监，她是一家晚报的记者。平时两人都忙，总是聚少离多，但她总能给老公一份温馨和浪漫的感觉。比如她会提前在一个景色优美的度假村订一套房间，和老公一起享受一个远离闹市的温情缠绵的周末夜晚。

圣诞节的前一天，是老公的生日。她早上就订了一束鲜花送到了他的办公室，然后打电话告诉他，晚上她会给他一个意外的惊喜，她的语调让老公再一次有了怦然心动的感觉。

下班后，他推开家门，室内烛光萦绕，音乐袅袅，飘荡着梦一样的柔情，看着自己的妻子端起了一杯红酒，望着他含情脉脉地说道："感谢上帝把你赐给了我，让我们永远都这么恩恩爱爱。"

看着双颊绯红的妻子，老公的心中充满了满足和幸福，恍然又有了初恋的感觉。

事实上，无论老公离她多远，无论遇到什么样的红粉诱惑，在他心中，永远是自己的妻子最好。事业有成的老公常常会满脸得意地对别人说："虽然我们结婚的时间已经不短了，但老婆总给我带来一个又一个的惊喜，这让我觉得我们现在还在度蜜月。"

这是一个让人羡慕的家庭！应该衷心地感谢浪漫，为他们的婚姻涂上一层永葆新鲜的保护膜。老公应该感谢妻子，感谢这个妻子的温柔体贴和浪漫情怀！

一个幸福的家庭可以由浪漫创造，同样一个不再甜蜜的家庭也同样可以由妻子的浪漫来挽回！所以聪明的妻子一定要重视浪漫，要知道如何制造浪漫，要懂得在平凡的生活中去追寻浪漫。

幸福心语

　　卢梭说："男人喜爱女人，并不是喜爱女人的性，而是喜欢生活在她们身边的一种情趣。"作为妻子的你应该精心培养你的生活情趣，把你们的小家营造得舒舒服服，让丈夫一刻都不想离开你的身边。

HAPPINESS FOREVER

爱他，就要懂得替他分担压力

有人说："一袋子100斤重的粮食，一个人来扛，很累，而如果两个人来抬，那每人就减少了一半的压力，变得轻松了。"婚姻中也是如此，懂得分担的太太总能减轻丈夫身上的重担，让丈夫每天轻装上阵，为全家人的幸福之路开辟新的征程。

什么是分担？所谓分担，就是承担一部分重担。在婚姻中，分担就是与丈夫共同承担家庭的各种责任和压力，包括经济上的、生活上的，甚至工作上的。打个确切的比方，你和丈夫要背200斤重物到指定的某个地方。这200斤重物如果你一斤不背，那你丈夫就得全部背上。可想而知，在这种情况下你丈夫身上的重担有多重。如果你能背10斤、20斤、30斤、40斤、50斤或更多，那你丈夫身上的重物就减轻了。而如果你有足够的力量，能背上上百斤的重物，那你丈夫身上的重物就更轻了。婚姻生活中，替丈夫分担也是一样的道理。

当今社会，是个压力社会，男人要在竞争极其激烈的职场打拼，要为家庭生活奔波劳碌，要为房贷、车贷拼命，要为家中所有成员的生活费负责，还要给孩子挣教育费，加之生活中的其他各种开销，这一大笔支出绝非轻而易举就能搞定的。于是，为了养家糊口，为了承担责任，为了婚姻幸福，为

了妻子和孩子过得舒服，男人不得不使出浑身解数在外面挣钱。

　　李杨是个倒霉透顶的男人，他的倒霉不在于他的工作累，不在于他只是一个工薪族，也不在于他需要养家糊口，而在于他的婚姻，在于他的妻子。他娶了一个不懂得替他分担的女人，过了六年辛苦无望的苦日子后，李杨最终向妻子提出了离婚。

　　其实，李杨和妻子都是身体健康、有劳动能力的正常人，而且与其他夫妻相比，他们算是比较幸运的了，因为他们不需要为房子的首付发愁，父母早已为他们交清了。但是，他们最终还是因为经济问题离婚了，原因就在于妻子丝毫不懂得为丈夫分担。六年来，李杨的妻子吃住都靠丈夫，至今没有赚过一分钱。养儿子、养父母，还要养老婆，所有的经济支出都由李杨一人承担。为了多挣钱，李杨常常加班到很晚。虽然年纪轻轻，他就有了与他的年龄不相称的黑眼圈。加上他平时话不多，总是皱着眉，旁人都觉得他被生活压得喘不过气了。

　　六年前，李杨和妻子恋爱的时候，妻子刚刚大学毕业，还没有找到工作，待业在家。那时，他们还没有结婚，李杨也没有觉得妻子不工作自己压力大，就想着她以后找份工作就行。

　　后来，李杨和妻子结婚了。结婚没多久，妻子便怀孕了。怀了孩子，妻子理所当然地在家安胎。十月怀胎后，儿子出生了。儿子的降生给小家庭带来欢乐的同时，也带来了生活压力。儿子的尿布钱、奶粉钱，一样都省不下来。而且双方父母的年纪慢慢也大了，需要他们提供一些经济支援。可是，妻子丝毫不理会这些，却将所有的生活重担都推给了丈夫。

　　李杨的工作并不轻松，他只是一个厂里的普通职工，但由于经常主动加班加点，比别人付出多，他的月薪还算比较高的。尽管如此，在消费水平很高的城市里，李杨每月的薪水也仅仅只够维持生活之用。他们的日子总是过得紧巴巴的，月工资总是没有一点剩余。

面对这样的情况，为生活着急的永远只是李杨一个，妻子丝毫看不见他的辛苦，看不见他的压力和重担，虽然李杨也曾多次鼓励妻子出去工作，帮他分担生活压力。

李杨的妻子大学毕业，按理说文凭不算低，也算是文化人了。但她不能吃苦，对工作也是高不成低不就的，先后干了几份工作，都没有干多久就回家了。如今，孩子都上小学了，她还不肯外出挣钱帮补家用。还以我不到工作为由，放纵自己，经常和牌友打麻将输钱。由于经常打麻将，她连整理家务的时间都没有，这又加重了李杨的负担。他每天在外面辛辛苦苦上完班回家后，还得自己打扫卫生，接送孩子上下学。还要自己做饭、热水、洗刷锅碗瓢勺。

即便这样，李杨的妻子还不知足，还嫌弃他赚钱少，总是拿他和别的男人比较，三天两头和他闹，要小脾气。这让李杨伤透了心。工作和生活的压力已经让他喘不过气了，妻子不但不体谅不分担，还对他不依不饶地大闹小闹，无奈之下，李杨最终决定离婚。

如果说这是一个悲剧，那这场悲剧的始作俑者就是不懂得替丈夫分担的女人。不懂分担的女人，在男人眼里就像寄生虫一样可怕。这样的女人让男人活得多累啊！

在这个生活压力极大、消费水平日益高涨的社会，做一个男人很难，做一个有责任心的好男人更难。如果你的丈夫是一个有责任心的好男人，那就

多替他分担一些生活的重担吧。一个自私自利不懂分担的女人是最容易被男人抛弃的，男人不需要这样的女人，男人所需要的，其实是一个能够和他共同面对风雨、能够与他同甘共苦的患难女人。

家不仅是男人的家，也是女人的家，家是夫妻共同的港湾。男人有责任对家庭负责、付出，承担家中的一切事务，女人也有责任承担一部分家庭负担。

幸福心语

爱他，就要多替他分担一点点。爱他，就不要让他一个人来承受生活的苦与累。你一定很爱自己的丈夫吧？你一定不希望自己的丈夫在生活重担和压力之下过早地衰老吧？你一定不希望自己的丈夫为生活所累吧？那就学着替他分担一些吧。分担能减轻丈夫的工作压力和生活压力，能减轻他照顾孩子的重任，能减少他的家务劳动，能让他精力旺盛、血气方刚地在职场打拼。这不是很好的事情吗？

善解人意，爱需要理解和体谅

一位婚姻专家这样说："男人喜欢漂亮时尚的女人，喜欢聪颖性感的女人，也喜欢温柔贤惠的女人，但在一个丈夫心里，最喜欢的还是那种善解人意的女人。因为婚姻离开了'理解'二字就再也无法完美了。"很显然，理解对于完美婚姻而言，是必不可少的。

俄国大作家列夫·托尔斯泰曾说："幸福的家庭都是相似的，不幸的家庭各有各的不幸。"同样，我们也可以这样说：幸福的婚姻都是相似的，不幸的婚姻各有各的不幸。而在所有不幸的婚姻中，最缺少的就是夫妻之间的理解。可夫妻间和谐相处，最重要的就是理解。

我们常听一些女人这样说："做女人不容易，做个强女人更不容易。"其实，最不容易的是男人，男人，"难人"也。现代社会，每个男人都背负着极大的工作压力和生活压力，稍有松懈便会被职场中的同事、下属超越或取代，稍不努力就可能还不起房贷、车贷，甚至连全家几张口都喂不饱。男人既要在外边打拼事业，又要顾及家庭，实为不易。

所以，作为妻子，一定要理解丈夫的辛苦，体谅丈夫的不易。这对于你而言，也许只是花一点点时间替丈夫想想，想想他的重担，想想他的事业，想想他的处境，想想他的感受。但对于你的丈夫来说，就非常重要了，有了你的理解，

他才会放下一切心理负担，毫无顾虑，轻松做事。再说，这对丈夫又何尝不是一种激励和鼓舞呢？又何尝不是一种温情呢？

瑞涵就是一个善解人意的妻子。有一段时间，丈夫浩森为了扩展一家分公司，工作十分忙碌，每天很晚才回家，周末也没正常的休息时间。由于他每晚不能按时回家吃饭，不能陪瑞涵聊天、做家务，也没时间去顾及孩子的功课，家中的一切大小事务都由瑞涵来处理。对此，浩森心中十分内疚，对瑞涵说："对不起，我这段太忙了，没时间顾及家庭。"瑞涵却说："我不怪你，知道你很忙。事业很重要，放心去做吧，家里有我呢！"听了瑞涵的话，浩森心中充满了感激，说："夫人，你真好！总是那么理解我。"有了瑞涵的理解，浩森就放心地去干他的事业了。两年内，他扩展了好几家分公司，事业可谓蒸蒸日上。

是啊，娶了这个一位能体谅夫君的好太太，哪个男人不心存感激呢？哪个男人没干劲呢？试想，如果瑞涵不是一个善解人意的女人，那她一定会抱怨浩森冷落了家庭，冷落了她和孩子，进而搞得他情绪低落、疲惫不堪，使他无法安下心来全力以赴地投入工作。这不但会影响丈夫的事业，还可能会影响夫妻感情，这样的结果或许哪个女人都不想看到吧？

一个聪慧的太太应该明白，身边这个男人虽然是你的至爱，但作为一个独立的个体，他那颗心在属于你的同时，更多的还是属于他自己。在一个优秀男人的骨子里，事业还是胜过爱情的。所以，任何时候太太都要理解丈夫，不把他当成自己的私有财产。

俗话说："做人难，做人妻难，做一心扑在事业上的男人的妻子是难上加难。"所以，当你的老公因为埋头于事业而无暇顾及家庭，以致忽略了你时，你一定要理解他。不仅如此，你还要站在他的身旁，像护士、保姆和保镖一样安慰他、照顾他、保护他。要知道，当成功的欲望激励着他时，他对身边的任何事都会变得又聋又哑，而你就是他最好的五官。

作为妻子，如果能把善解人意作为一生的功课来做，一定会享受到完美的婚姻。比如，丈夫辛苦、劳累了一天回到家里，一屁股做到沙发上什么都不干，妻子就应该想"丈夫需要休息"，并给他递上一杯饮料或开水；再如，丈夫工作不顺利或受了上司的气，心情糟透了，回到家里动辄就想发脾气，妻子就应该避免和丈夫拌嘴，而要亲切地询问他怎么了，静静地听他诉苦，并安慰他；又如，丈夫长时间出差办事，没时间回家看望父母，做妻子的可以抽个时间替他回老家看看。做妻子能做到这个份上，哪个男人不疼不爱呢？

文燕和小宇有一次回老家看望父母，回来的时候小宇对文燕说，他把身上带着的两千多元都留给父母了。因为事先没有和文燕商量，小宇劝她不要往心里去。文燕听了不但没有往心里去，还反过来对他说："我能理解你的这份孝心。我们欠父母的太多了，永远都还不完，现在又不能日日守在身边尽孝道，给些钱是应该的。"有了文燕的这句话，老公开心地说："看来是我多想了。"

夫妻之间，为钱的事闹矛盾生闷气的不在少数。有的女人对自己的父母一片孝心，时不时地会给他们一些钱花，但若是丈夫也给他的父母钱，她就会与丈夫斗嘴生气。你的父母是父母，丈夫的父母也是父母啊，你有一片孝心，丈夫也有一片孝心啊。所以，夫妻想要融洽相处，和和美美，就要学会换位思考，

多替丈夫想想。当你以一颗善解人意的心去体谅丈夫时，也许婚姻生活中的很多事情都是那么自然，根本没必要闹得不愉快。

幸福心语

不被人理解是一件很痛苦的事，而如果连与自己朝夕相处的人也不理解自己，那就更让人感到痛苦了。因此，当我们为一些鸡毛蒜皮小事与丈夫摩擦不断时，当我们为丈夫一心只干事业而无暇顾及我们时，请先替他想想，多多理解他吧。多一些理解，就少一些矛盾；多一些理解，就少一些争吵；多一些理解，就少一些抱怨；多一些理解，就少一些指责。同时，多一些理解，就多一些和气；多一些理解，就多一些欢笑；多一些理解，就多一些温暖；多一些理解，就多一些感激。完美婚姻的最佳秘诀就是理解，理解万岁才能婚姻万岁！

懂得尊重，维护丈夫的尊严

当男人爱上女人的时候，会说，女人是他的全部。在一些新婚闹洞房的环节里，朋友们也喜欢让新郎当着大家的面答应，以后家里国家大事他做主，钱财家事这些小事新娘做主。这是应景的诺言，也是对爱人的尊重，可若是有女人将此作为地位的宣言，那么她将会为这个错误观念付出代价。因为，两个人在一起的生活，都是以平等与互相尊重作为基础的。

周六的晚上，在家看电视剧的凌子迎来了一位不速之客。她的闺蜜罗拉一脸泪容地出现在她家门口，进门后抱着她号啕大哭，说要跟男友小郭分手。因为他一点都不尊重她，竟然当着他朋友的面说她无理取闹。在她哭哭啼啼的叙述里，凌子总算弄清了事情的原委。原来，本来预计明天返回的罗拉，为了给男友一个惊喜，所以改了机票提前返回。结果到家的时候，发现她上飞机前，在电话里应承她在家看电视的男友，其实约了一帮朋友在家里看球赛，而整个家被弄得乱七八糟。她进屋后，就直接质问了他为什么要骗她？却只得到一句"无理取闹"。

等哭累了的罗拉睡去后，凌子离开家去找小郭。她到的时候，小郭正在收拾家里的一片狼藉。不过对于罗拉，他只是无奈地摇摇头，表示他不会去

追回她了。他说仍然很爱她，但是这种不被尊重的生活，他觉得无法继续下去了。从相爱到现在，罗拉总是自顾自地决定他的一切，甚至连他该见哪一个朋友，都要听从她的意见。

除去爱情，他也需要有自己的生活。其实，他们一直都是轮流到朋友家看球，但是因为顾忌罗拉，所以从来没有人提过到他家。这次，因为罗拉不在家，他们才愿意到他家来一起看球。而他自己也打算好了，等明天罗拉按计划返回前，将一切恢复原样。没想到罗拉竟然会提前返回，而且当着他朋友的面前，发那么大的脾气，搞得朋友们都灰溜溜地离去，让小郭觉得很没面子，所以才发火。

翌日，罗拉醒来后，凌子在早餐时问罗拉是否真的考虑好感情问题了。

罗拉依然一脸强硬地回答，说这次小郭怎么哄她也都不会回心转意了。

凌子顺着她的话，答道："对啊，那样懦弱的男人，不要也罢。认识这么久，完全没有一点主见，从来都只会跟在你背后转。"

听到这里，罗拉不高兴了。她开始为小郭辩解，说那都是因为他爱她，尊重她。

而凌子则追问了罗拉一句："那么你爱他，你尊重他了吗？"

罗拉一时语塞。她脑海里飞快地回转自己与小郭在一起的这几年里，因为自己的蛮横而给他造成的麻烦，想起自己总是拉着并不愿意参加聚会的他参与她朋友的聚会，却总对小郭同球友们的聚会嗤之以鼻。她很快跟凌子告别说要回家了。

在我们斥责男人大男子主义的同时，女人们的"女皇姿态"也开始走向另一个极端。恃宠而骄的女人，习惯性地以自己为中心来安排自己另一半的全部生活。这种骄纵的感情，在热恋期间也许可以为感情增加调剂，但是当生活进入平淡时，这种姿态也会加快感情的裂痕。

夫妻相处，互相尊重，这是谁都懂的道理，可是具体到婚姻生活中，有多少太太能领悟它的内涵并切实做到呢？对待丈夫，做不到"尊重"二字，你还能留住他的心吗？

在一次同学的婚礼宴席上，婷婷和邻座的另一位同学小华私聊，小华说老公有了外遇，向她提出离婚，让她死也想不通的是老公怎么会看上那个女孩，那个"第三者"不论哪一方面都比不上她，尤其是容貌，和她相比差远了。于是，婷婷追问她："你平日里对老公如何？"小华说："对他太好了，我相信这个世界上再也没有像我一样对他好的女人了。""那他为什么还要这样？""我也不知道，他总说自己像个被囚禁的隐形人一样。""他为什么这样说？""他常常苦恼地说我不给他面子，对他的好哥们不友好；说我无视他的存在，有什么事都自己做主，从来不和他商量，对于他的想法和意见，也从来不重视；他爱踢足球，每个周日的下午都去体育场踢足球，我很想让他在家陪我，就反对他踢足球，他说我干涉他的业余生活；他还说我让他丢脸，其实我只不过是在别人夸他的时候提了他几条不是……"小华一下子说了很多，好像说不完似的。婷婷赶快阻止她："打住！打住！"婷婷说："我已经知道了他为什么有外遇。"小华瞪大了双眼："为什么？""因为你一点都不尊重他，让他感觉自己一点都不重要，让他感觉很没有男人的尊严。""那我还有挽回的余地吗？""有，回家向他道个歉，并保证以后会尊重他的一切，只要不违背情感底线和原则。努力争取一下吧！"

后来，小华没有离婚，并且由于懂得了尊重丈夫，日子过得越来越滋润了。

这件事让我们明白了这样一个道理：美貌只能瞬间吸引住男人的眼球，但要长久地降住男人的心，还必须给予他一份起码的尊重，维护他男子汉的尊严。

我们经常能听到一些太太这样抱怨："我对他那么好，每天好吃好喝伺候着，什么都不用他操心，自己舍不得花的钱也花在他身上，怎么就得不到他的真心呢？还在外边沾花惹草的。"

大家知道为什么吗？婚姻走到了这一步，往往是因为女人对男人缺少应有的尊重。男人需要女人的尊重，不仅是物质上的、情感上的，更重要的是精神上的。一般来说，男人在得不到必要的尊重时便会加速对婚姻的反抗，他的心也会越走越远。

据说，东汉时有一对夫妻，丈夫叫梁鸿，妻子叫孟光。每当丈夫梁鸿回家时，妻子孟光就托着放有饭菜的盘子，恭恭敬敬地送到丈夫面前。为了表示对丈夫的尊敬，妻子不敢仰视丈夫的脸，总是把盘子托得跟眉毛齐平，丈夫也总是彬彬有礼地用双手接过盘子。这便是"举案齐眉"的由来。梁鸿和孟光这对夫妻相互尊敬、和和美美，确实让人羡慕。

中国还有个成语叫"相敬如宾"，意思是说，夫妻相互尊敬，如同对待客人一样。故事说的是春秋时一个人在田里除草，他妻子把午饭送到田头，恭恭敬敬地双手把饭捧给丈夫，丈夫则庄重地接过来，毕恭毕敬地谢她后才开始用饭。丈夫用饭时，妻子恭敬地侍立在一旁，等着他吃完才收拾餐具辞别而去。

在婚姻中，也许我们做不到举案齐眉、相敬如宾，但彼此间相互尊重还是必要的。尊重是婚姻的最高境界，尊重是婚姻的骨架，没有了这个骨架，婚姻能不塌陷吗？

当然，也许你会问，怎样做才是尊重丈夫呢？

尊重丈夫就要尊重他的选择。所谓尊重丈夫的选择，就是不管丈夫做什么事情，只要他的行为不损害家庭的幸福，你就不要试图去阻止他，甚至教化他。你应该鼓励他、支持他勇敢地面对自己的选择——这是做一个好太太的精髓所在。

尊重丈夫就要尊重他的隐私。夫妻二人虽然每日里在一个锅里吃饭，在一张床上睡觉，但始终是两个独立的人。每个人都有自己的隐私，隐私是不愿让别人知道的事，它也许是肮脏的、丑陋的、难以启齿的，但它有权利得到保护。当一个人的隐私受到侵犯时，他会感觉自己赤身裸体、毫无掩饰地站在众人面前，颜面尽失，这让他反过来喜欢你尊重你可能吗？

尊重丈夫就要尊重他的异性事业伙伴。要给对方留一席和婚外异性交往的空间，切不能一结婚就要求对方以自己为重，和所有的异性尤其是事业上的伙伴都断了往来，这只会让对方的生活空间和人际交往范围越来越狭窄，也会严重束缚对方的事业发展。

尊重丈夫就要尊重他的朋友。男人一般都比较讲义气、重情义，所以，朋友、哥们是男人生活中不可或缺的一部分。但很多太太都会认为"那样做太没必要，结婚了你生命中最重要的人就是我"。这种想法很不明智，只会让丈夫失去朋友。聪明的太太会尊重丈夫的朋友，并想办法融入丈夫的朋友圈子，这样，丈夫的朋友也会尊重她、欣赏她。

尊重丈夫就要尊重他的意见。生活中夫妻难免有意见不一致的时候，这时，我们最好能静下心里听听丈夫的真实想法，并保留或接受他的不同意见。当

你尊重丈夫的意见时，你说出来的话在丈夫心里会像蜂蜜一样甜，让他感到美滋滋的。

尊重丈夫就要尊重他的喜好和生活方式。夫妻之间，很多兴趣爱好和生活方式都不尽相同，这时候，最好不要阻止对方的兴趣爱好，不要干扰对方的生活方式，否则就会减少夫妻之间的共同语言，甚至导致感情破裂，婚姻不幸。

尊重丈夫就要维护他的自尊，不说伤他自尊的话。每个人多多少少都有些自尊心，自尊心是不可侵犯的，因此，我们一定不要说有伤丈夫自尊、有失丈夫面子的话，而要说一些能满足他自尊心、让他风光、让他感到体面的话，这样他才会打心眼里喜欢你。

幸福心语

在爱情的世界里，你的骄傲，并不会为你赢得倾慕的热情。

就算是高贵无比的女主，也愿意俯下身，去呵护自己相伴一生的爱侣。

Chapter Seven

第七章

◎在工作中体味踏实的幸福

　　有许多的女性，她们或许没有迷人的外表，或许没有骄傲的成就，但是她们却拥有自己独立的人格，拥有自己的事业。她们每天依然开心地工作、生活，依然给孩子、给丈夫、给朋友最灿烂的笑容，最甜美的声音，最真诚的祝福。她们总是给人一种赏心悦目、沐浴春风的感觉，她们深深地懂得"不经历风雨，怎能见彩虹"这一幸福定律。

工作是幸福的坚强后盾

英国前首相布莱尔的夫人接受网易女人的独家专访时认为，永远都要记住一点，能养活自己至关重要。作家亦舒也曾告诫天下女人：经济独立，才有本钱谈人格独立。因此，对于一个女人来说，不管你是不是有高学历，抑或是有没有大本事，最起码你得能养活你自己。

作为女人，也许你天生不比谁幸运，你不是徐子淇，不是林嘉欣，也不是张怡宁；也许你天生不比谁能干，你不是刘晓庆，不是杨澜，也不是陈丽华；但你天生也不比谁傻，只要你伸伸双手，迈迈双脚，靠自己的劳动吃饭，你还是能够养活自己的。一个女人，能够养活自己是最基本的生存需求。你不轰轰烈烈也好，不惊天动地也罢，你没必要一定这样，也没必要非把自己逼成这样，但你必须能够养活自己，必须逼着自己养活自己。

女人最重要的是经济独立，而能够养活自己是最起码的经济独立。在经济上独立的女人才有魅力。经济上的独立是你幸福的坚强后盾。

相反，一个女人，如果不能够养活自己，就难逃和杨兰一样的命运。

杨兰是个相貌出众的外地女人，自从嫁给家世显赫的老公到现在，算算已经有16年了，女儿今年都有15岁了。这么多年来，她硬是没有上过一天班，也从来不想着赚钱养活自己，因为她觉得自己有老公养着就够了，何必那么辛苦？因此，她天天在家不是上网，就是打麻将，不打麻将就去找人闲聊，实在没事可做就出去逛街，什么咖啡馆、肯德基、开元、康复路、大小超市、高档商场……哪儿都能找到她的影子。虽然经常出去逛，但她回来的时候大部分都是两手空空，因为想买自己喜欢的东西，还得向她的老公张口。

杨兰属于那种爱碎嘴的女人，到谁家里都爱多管闲事，说张家长，道李家短，谈论谁家女儿该出嫁了，谁家儿子该娶媳妇了，谁家婆媳处得有问题，等等。而她自己却从来不说自己的生活，她和老公三天两头吵架，前些日子还闹离婚。那天，杨兰想向老公要一万元买貂皮大衣，正好老公生意上遇到了麻烦，情绪极度低落，于是就对她大发脾气："一分钱没有！想买貂皮大衣是吧？自己出去挣钱去！"杨兰一听，非常恼火，就说："反正我也没有18岁的青春美貌了，你如果已经不爱我了，我们就离婚吧！你如果还爱着我，就给我钱！"老公一听更是火冒三丈："离婚？好啊！离就离！你连养活自己这最起码的事都做不到，我也不想白白养着你了，反正你也不是一盏省油的灯！"杨兰看老公动真格了，又觉得他的话很有道理，就非常后悔提出离婚，连忙向老公道歉赔不是，貂皮大衣也不买了。

杨兰从不工作，没有任何经济来源，全家的经济来源全靠她老公一个人，一旦她离开老公她将一无所有。所以每次吵完后，她总是赔着笑脸去给他不停地道歉，说好话，希望老公能够和她好好过日子，不要把她赶出去。有人说，杨兰就是这么天生犯贱，可是她又有什么办法呢？离婚后自己会落个衣食无着的，还是个外地人，更是无法生存。所以她老公最后横着对她说："我叫你咋办你就咋办！"杨兰反而也乐意接受。

像杨兰这样连自己都无法养活自己的女人，用什么话来形容她好呢？她其实就属于那种典型的"嫁汉嫁汉，穿衣吃饭"的女人！多少经验教训告诉我们，但凡持有这种观念的女人，同时也就把自己的人格降到了最低级水准。

一个女人，连自己都无法养活自己时，在生活中就会变得异常被动。我们看到，一些女人遇到男人出轨或提出离婚时，不但男人不认错，还恶狠狠地说女人多事。女人却没办法，想离又不行，不离又痛苦，因为没工作，要靠男人吃饭。且不管婚姻如何，自己的老公如何，女人都应该经济独立，都应该能够养活自己，而且是首先要能养活自己！古人有话：吃人嘴软，拿人手短！这是千真万确的至理名言！不要想着那个人是你的老公，你就可以安然吃他的饭，就可以不工作。你吃了他的，自己又什么都没有，你无形中就软了。

女人们，在谈婚姻、论男人、讨论要不要离婚之前，最先要做的，是能够养活自己！你可以用老公的钱，但要把那当成多出来的钱，是让你过得更好的，要是没有这些钱，你自己也应该能够应付的。这样才行！只有这样，你才能自主地在婚姻中运筹帷幄，才能在老公出轨后采取种种办法挽回他，实在不能挽回，你也可以昂着头叫他走开。否则，如果你不能养活自己，那当你面对这一切时，还有什么底气去采取各种挽回行动？那时他哪怕恶语连篇，只要你一想到没了他会没饭吃，就一定矮一大截！如果这样，幸福还有什么保障可言？

亲爱的女人们，不要再抱着"嫁汉嫁汉，穿衣吃饭"的思想了，如果你已经陷入婚姻危机或担心陷入婚姻危机，请把情感婚恋的烦恼放在一边，先找份工作养活自己吧！

幸福心语

　　一个女人，如果不能获得基本的经济独立，就无法自己养活自己，一切就得逆来顺受，就无法摆脱依附男人的命运。因此，不要抱着"嫁汉嫁汉，穿衣吃饭"的想法走完自己的人生，在两个人的世界里，谁也不会成为谁的天，谁也代替不了谁。无论你是未婚还是已婚，都不要把男人当成一张长期饭票和长期信用卡来使，你必须能自己养活自己。

HAPPINESS FOREVER

付出努力，收获成就

有一部分女人工作从来不尽全力，尤其是现在的年轻女人都娇生惯养惯了，即使踏入了社会，走上了工作岗位，还是不会主动去拼搏，更不用说全力以赴了。

虽然如此，在她们懒散的行为下却还有一颗充满理想的心，她们整天做着不同的美梦，可能是幻想某天可以成为人人惊羡的女老板；也可能希望自己突然中了彩票，成了富婆；有的还做着有朝一日能嫁入有钱人家的"白日梦"……这是时下许多年轻女孩的通病。也许有梦想是好的，但是前提是这些梦想能够激发我们的斗志，让我们愿意为之努力拼搏、全力以赴。

那些所谓的女强人们，没有谁的成就是坐等而来的，更不是幻想得来的，她们的成功都是一点一滴的心血和汗水拼凑起来的。

撒切尔夫人说："我将每一分钟看作 60 秒冲刺赛。"

为了自己的政治梦想，撒切尔夫人结婚后开始攻读法律，因为知晓法律在参选议员时有很大的作用。在 1953 年，也就是她的双胞胎儿女出生的那一年，撒切尔夫人成功取得了当律师的资格。

在作为在野党预备内阁人士时，撒切尔夫人不断搜集数据与信息，最终以无法反驳的语言击败了对手。

后来，为了保守党领袖的竞选，撒切尔夫人马不停蹄地到全国各地进行演讲，在此期间，她每天总是早上7点起床，一直忙到次日凌晨两三点多钟才就寝。

在英国，当选的首相在一般情况下会在一昼夜间公布其新内阁22名阁员名单，否则的话就会被视为不正常。为此，撒切尔夫人在入主唐宁街的第一天，就必须要全力以赴地完成这一项艰巨的任务，她以惊人的工作效率，仅用一个周末的时间，就把22名阁员和约60名阁僚任命完毕。

这就是撒切尔夫人，不管她做什么工作，都会拼命付出，全力以赴做到最好。

而跟撒切尔夫人具有同样品质的美国女政客希拉里，对自己的梦想和工作也是毫不懈怠。

1998年秋天，希拉里开始考虑竞选纽约州参议员。她全身心地投入到了马不停蹄的竞选活动中去。她周游美国，足迹遍及全美20个州，参加了大约50场募捐会议，在34场群众集会上发表演说，募得了上千万美元。这看起来有点疯狂，但是却是英雄般的疯狂。

克林顿曾在电视采访中说到："希拉里什么工作都做得来，我在政界找不到比她更能干的人，包括我自己在内。她甚至曾打算不参选参议员，她在竞选问题上是十分矛盾的，可无论她接手什么工作，她都会全力以赴做到最好。"

189

不要认为自己是女人，就可以放弃拼搏，就算是女人，也应该堂堂正正地靠拼搏和付出立足于天地之间。如果你不是天生含着金汤匙出生的有钱人家的公主，那么你除了拼搏和奋斗，没有其他的选择。你要相信，只要你愿意付出汗水，总有一天你会得到回报的。

钟革惠是深业地产公司市场营销部经理，她从事房地产行业已有13个春秋，经历房地产市场的数次高峰与低谷，品味了其中的酸甜苦辣，她却以感恩之心享受着工作带来的快乐。居者有其屋是大多数人的梦想，房地产工作正是实现大家居住的梦想，创造宜居的城市居所。中国的房地产市场不断地走向成熟，她也从稚嫩走向成熟，逐渐具备与团队一起行动的协调性，乐观的接受，不懈的努力去实现心中的梦想，通过工作使人生丰富多彩。

13年的地产职业经历让她深深体会到，从事一项工作需要激情与能量，能量能激励自我，燃烧激情。能量的来源是热爱本职工作，无论从事什么岗位，只要全力以赴地去干就能产生成就感与自信心，就会产生向下一个目标挑战的积极性，在这个过程的反复中会更加热爱工作。

幸福心语
dall heart happiness

也许有很多女人会想：我运气没有别人好，我也不够聪明漂亮，为什么还要那么辛苦去争呢？这种想法是极其错误的。因为每一个光明的前途，每一份事业的成功都是女人自己拼搏出来的。

女人们一定要相信付出才会有回报，单凭幻想是不可能实现目标的。只有经历过汗水的浇灌，成功之花才会开得越发艳丽。

HAPPINESS FOREVER

及时充电，不做职场的落伍者

在竞争激烈的职场上，一纸文凭的有效期是多久？当你必须向别人出示你尘封已久的证书时，是否会怯场，感到没有底气？在学历飞速"贬值"的今天，找到工作就一劳永逸的体制已成为历史，如果你想单靠原有的文凭在职场立足，几乎不可能。

一项调查显示，30 至 40 岁的职业女性中，近 3 成出现身心疲惫、烦躁失眠等亚健康状态。主要表现为：对前途以及"钱"途开始担心，担心会被社会淘汰；对自己所从事的工作开始产生一种依恋，不再像 20 来岁那样无所谓，同时又有一种危机感，甚至开始对老板察言观色；身体经常感到疲劳，休息也于事无补。在调查中，想转换职业或行业，寻求一个压力较小、相对安稳的工作是大多数被访者的心态，46% 的被访者选择此项；再苦干几年，回家做全职太太也是选择人数较多的一项，有 31% 的被访者选择；只有 23% 的被访者表示会去充电。

聪明的你如果想在职场站稳脚跟，一定不能错过充电提升课。

在今天这个竞争激烈的职场生存环境中，很难"爱一行干一行"，我们所能做的就是"干一行爱一行"，尽量将谋生和理想达到和谐的统一，否则，眼高手低，会耽误了一生。

郭晶并不太喜欢自己的金融专业，但毕业时没有改行的机会，还是进了一家外资银行。"我觉得自己现在的工作没什么意思，幻想着有一天可以做记者、主持人或者律师，而不是整天面对着不属于自己的金钱。"

郭晶所在外资银行的环境很好，是很多人眼中高收入的理想职业，面对着很多硕士、博士都在竞争一个外资银行的职位，郭晶感到自己有必要充电了。如果想在金融这个行业中继续做下去，充电是唯一可行的方法，否则的话就意味着会"贬值"。通过充电，郭晶对本行业也有了更深的了解，渐渐爱上了这一行，不再整天幻想而是踏踏实实工作，做出了出色的业绩。

并不是所有的职业危机都出现在厌职上，就算是自己喜欢的职业，干久了也会出现危险信号。

李博是某服装品牌的销售经理，主管北方区的业务已经有3年时间。这个在别人看来令人羡慕的职位，却让她在一夜之间就做出辞职的决定。

"我感觉我的职业生涯面临着前所未有的停滞状态，总是在做着以前做过的事情，而且以我目前的职位，也很难再在公司有更大的作为了。我已经决定到法国继续读我的服装设计专业，对于今后的工作，我并不担心，选择辞职就是因为有这份自信。"

人在其职业的某个阶段会出现所谓的"停滞"期，这种情况是一个信号，一旦出现就说明你需要充电了。这时最重要的是摆正自己的心态，树立"没有职业的稳定，只有技能的稳定和更新"的观念。把职业过程变成一个无止境的学习和提高的过程。

在 IT 行业工作近 5 年的小雷坦言："我一直都处在一种与最新科技知识赛跑的状态。信息时代的知识呈膨胀性扩展趋势，刚刚掌握的资讯，也许过两天就已经过时了，如果不及时更新知识，很容易被淘汰。"这种经常出现在工作中的"不明飞行物"让小雷非常紧张和茫然。

小雷自己掏腰包参加了几期美国专家举办的 IT 行业培训，虽然花费很高，可学习下来，感觉心里踏实，而那些以前经常光临的"不明飞行物"也消失了。

工作中如果遇到"不明飞行物"，就意味着你的知识落伍了。在职充电是防止"人才贬值"的一种好方法，要让自己"不贬值"，那就需要不断地"充电"。

学习是永无止境的，要树立终身学习的理念。正如人们常说的：你永远不能休息，否则，你就会永远休息。如果你觉得学习没有目的、效果差，考证是一个不错的选择。很多人觉得只要工作出色没有证书照样能在职场生存，这种认识是很肤浅的。

安安是一家贸易公司的财务总监，主管着公司上下的所有会计核算工作。从大学毕业到现在，8 年的时间过去了，虽然没有那一纸"注册会计师"的证书，可工作起来，也是要风得风，要雨得雨。

"我感觉完全能够胜任工作，领导也比较器重我。我没必要为了去考一个证书而耽误我每天的工作，那样的话老板也会对我有看法的。我的很多同学上班后不断考各种证书，希望能往更大的公司'跳'，甚至请了假去学习，结果影响了工作业绩，得到的是与能力不相匹配的待遇。"

也许安安的话从目前的角度看是正确的，可如果把它放在一个大的知识经济时代背景中分析，就站不住脚了。"技多不压人"，"充电"和"敬业"不应该有任何冲突，"充电"是为了更好地"敬业"，这应该是职业女性应该警醒的一面。

现代社会急缺复合型人才。"单一型人才"如何使自己成为"复合型人才"？实施技能储备，使价值"保鲜"是关键。充电时也要注意与原有技能相关和延伸，这样才能在原有基础上扩大就业范围。

薛佳在一家国际航运公司里为英国籍首席代表做秘书时，接触到一些国内外大的企业咨询机构。她说："我的专业是英语，除了能像外国人那样正常地说英语外，今天看来并没有任何特长可言。在这家海运公司工作了两年之后，我终于申请了美国哥伦比亚的 MBA，我想学成之后可以到一家跨国咨询公司里去工作，为企业的经营者们提供全方位的解决方案。当然，这是有代价的，从一个传统行业跳到一个新兴的朝阳产业里，唯一能够达成目的做法就是充电。"

本土企业的国际化及国际企业的本土化，使那些具有"一专多能"、精通一门外语、通晓国际商务规则的外向型人才备受青睐。所以，及时充电借以增加事业打拼的资本，必须同自身职业生涯的规划紧密地联系起来，达到学以致用。

"生命不止，学习不止"。在这个知识经济的年代，充电已经成为现实需要，尤其是在经济不景气的当下职场上，不管你是想呆在原地，还是逆势向上攀登，或者另起炉灶玩跨界，充电已经演变为职业生涯不可或缺的安全垫。还等什么，

行动吧！

幸福心语

dali heart
happiness

今天我们刚刚掌握的知识，到了明天仿佛就又陈旧，眨眼的功夫，一大堆新名词、新观念、新概念、新时尚、新潮流便铺天盖地而来，势不可挡。在这样的环境中，如不及时补给，马上就要变成新时代的文盲了。因此，女性要培养自学精神，养成终身学习的习惯，不断为自己充电。

从容行走在工作与家庭之间

很多女性认为在工作和生活之间只能选择其一，如果努力工作，就不能顾及生活。当有的女性为了家庭忽略了工作，甚至放弃工作时，她们的理由是堂而皇之的：不能够两者兼顾，想要照顾好家庭，必然只能放弃工作。但是，我们却发现很多成功的女性，她们拥有了双重的幸福，即来自工作的幸福和来自家庭的幸福。

俗话说"鱼和熊掌不能兼得"，这句话也没有错，但是，需要指明的是，生活与工作并不是互为冲突的。对美好生活的向往是每一个人的期望，然而，如果只拥有美好幸福的生活而失去工作带来的幸福，生活就会缺少了一种色彩。那么，我们为什么不能合理地分配时间，合理地安排它们，得到双重的幸福呢？

《时尚芭莎》的主编苏芒曾说："我喜欢工作也喜欢家。在工作时，我的头脑充满灵感和梦想，身体里像充满能源的加速器一样，随时蓄势待发；在家里，我的心是充满幸福的，宁静满足，无欲无求的，一粥一饭，有孩子、爱人，还有一只可爱的小猫……记得有同事向我辞职时常常会这样说：对不起，我希望有工作也有生活。多少人拥有幸福的家庭和快乐的工作、满意的成就呢，

197

就算你暂时没有驾驭两者的能力，你不愿意试试吗？"

读过这段文字，我们是否应该问问自己，为什么别人能把工作和生活安排得如此妥当，既在工作中获得满足，又可以在生活中获得幸福，而自己却没有做到呢？

其实，女性之所以处理不好二者之间的关系，有很大一部分原因是因为没有一个良好的心态，而且不会安排自己的时间。如果能利用有效的时间把工作处理好，高效率地工作，那就不用占用很多生活的时间。实际生活中，我们经常会看到这样一些人：工作时，喜欢拖延，做一些与工作无关的私事，比如把与朋友沟通的时间安排到工作时间里去，每天都要打电话给朋友。实际上，很多的电话都是无关紧要的。不是紧急事务最好不要浪费工作时间去处理，因为这样做的结果会造成工作没有做好，而不得不去加班完成工作。这时候，她们就认为工作和生活是矛盾的，两者之间只能选择其一。

有很多人曾问杰克·韦尔奇这样一个问题，为什么你会有那么多时间可去打高尔夫球，同时还能干好 CEO 的工作呢？他是这样回答的：就是正确地把握好生活与工作的平衡关系，即解决好如何去管理生活，如何支配时间，应该把多少精力和时间放在工作上这些问题。

忙碌着的李燕，在自己的工作日程表上永远都有一个特殊的日子，那就是家庭日。即使工作再忙，每个星期天也都是她雷打不动的"家庭日"。如今的她拥有一连串的头衔，但绝非是人们想象中的女强人形象。她一面是业绩显赫的总经理，一面又是家里优秀的主妇。她说事业有成也需要有家的支持。李燕是这么说的，也这么做了，多年来她都是很快乐地跳动在高效工作与幸福生活的平衡点上，游刃有余。

　　女人，没有理由为了家庭而放弃自己的事业，也没有理由为了事业而放弃家庭，两者能统一是最好的选择。我们要做家庭的好园丁，营造温馨的亲情。因为，家是一个充满柔情的温馨花园，女人便是其中最辛勤的园丁。孝敬老人、关爱丈夫、教育子女是每个家庭主妇应尽的责任。选择他做自己的丈夫，同时也就选择了他的家庭、他的事业。和谐相亲的家庭氛围是事业的有力保证。相对来说，事业是女人保持真本色的最好途径。家庭固然十分重要，但它绝对不是我们生活的全部。因为这是一个竞争的社会，没有竞争力就没有生存的空间，完全依附于男人的女人不仅经济不能独立，而且在生活中会迷失自我，只能碌碌无为、平平庸庸地过一辈子。幸福的生活要靠两个人共同去创造，只要问心无愧、尽心尽力地去做事，对家庭尽职尽责，自己的人生路就已经成功了一半。

幸福心语
dali heart
happiness

　　如果每天除了工作没有别的生活乐趣，那么，工作也将会索然无味。反过来也一样。所以，想要活得更加精彩，就一定要平衡好工作和生活的关系，让自己拥有双重的幸福，即来自工作的幸福和来自生活的幸福！

敢于竞争，在工作中迎接挑战

对于工作，女人更多的是满足于按部就班，在上班下班、家庭公司永远的两点一线中奔波忙碌。

很多女人甘愿为家庭撑起一片天，做幕后英雄，对自己的工作已经失去了迎难而上、敢于竞争的勇气和信心。

一份相关调查表明，只有 25.55% 的被调查者在面对新的工作任务或岗位时，选择"积极争取"，对"人生中你认为最重要的是什么"选项中，"事业成功"仅占 4.38%。

这就说明，大多数女人安逸于现状，满足于工作上的应付，乐意在和谐的氛围中轻松一生。

在这种"幸福"的安逸中，女人们渐渐没有了自我，这也成就了她们最大的不幸。

"明天怎么办呢？"雨婷失神地坐在街边的长椅上，一脸的愁眉不展。

两个小时前，老板脸色阴沉地告诉雨婷："上个月你经手的单子出现了问题，经过调查，证明是你的失误。另外，客户还几次投诉，在做这个单子的过程中，你的态度非常不友好。看在你是老员工，我就不和你多计较了。

一会去财务结下账，算是我对你这五年工作的肯定吧。"

走出公司，外边下着蒙蒙细雨。雨婷似乎没察觉，径直走到街边的长椅坐下。失业了？我失业了！五年了，自己在公司勤勤恳恳，早出晚归，到头来落了这么一个结果。怪谁呢？

半年前，雨婷与老公文治的关系越来越紧张。直觉告诉雨婷，文治有什么事瞒着她。为此，夫妻之间没少吵架。六岁的女儿灵灵察觉了父母之间的不对劲，也变得不开心起来。结婚八年，雨婷头一次感到了绝望。

以前，雨婷对自己的小家充满了热情，老公与女儿就是她的全部。与此同时，雨婷对自己的工作也非常认真。老板的能力不错，公司的业务一直开展得很顺利。本来，老板还有意提拔雨婷做客户部经理，但雨婷考虑到职位一高，挑战就多，留给自己的时间也少了，就婉言谢绝了。她更喜欢目前的工作，做简单的跟单工作，和客户沟通一些细节。工作轻轻松松，还没什么压力。

五年了，当初和她一起进公司的同事都得到了提升，只有她还留在最初的职位上。一个要好的同事曾为她惋惜，也曾劝过她。但雨婷不以为然，觉得女人的工作又不重要，只要有事做就行，何必冒那么多风险呢？

那些被提升的同事，在新的职位上做得风风火火，成绩也有目共睹。雨婷在心底深处也有过向往，但她还是不想打破自己的生活现状。她本来就是一个要求不高的人。

可是，这一切在文治离开家后都乱套了。雨婷没想到，一向老实的文治会做出这样的事。她失魂落魄，对工作也开始变得三心二意。

本来，她的工作非常轻松，只需要在跟单的过程中，注意一些细节就行了。没想到，这么简单的事，到头来还是出了差错。老板说的那个出了失误的单子，

确实是她的错。明明很简单的事，她硬是睁着眼写错了，还头一次对客户恶声恶气。

"家没了，工作丢了，以后怎么办？"五年了，雨婷已经习惯了这样的生活环境，突然之间一切都要从头再来，她一点把握都没有了。

很久了，想起灵灵还在家里等着吃饭，雨婷才拖着沉重的步子向车站走去……

我们不知道，雨婷能不能在最短的时间里振作起来，重新找一份工作，让自己的心灵重新得到寄托。有一点可以肯定，正是长时间的享受安逸，不求进取，雨婷不仅没有享受到工作上的成就感、人生的辉煌，而且因为家庭变故的影响，还失去了自己心仪的工作。

女人是感性的，外界的一点风吹草动都会让她的心理发生剧烈的变化。表现在工作上，那就是缺少了热情和激情，动不动就给别人脸色看。也因为图安逸，她们害怕"变化"，更不喜欢"冒险"，一旦有了某个方面的不如意，女人就会自暴自弃，意志颓废。

在工作中，就要有一点冒险精神。

一般来说，男人多半喜欢冒险，喜欢挑战。但女人不同，大多数女人选择工作时首要考虑的是工作的相对稳定轻松。

当然，女人在年轻时也有过雄心壮志，给自己定下了不少目标，希望自己能在职场上有所作为。随着年龄的增长、家庭格局的变化，追求稳定的思想又占了上风。

这种思想也是阻碍女人晋升的主要因素。如果你想在职场上有所作为，就有要有一点冒险精神。女人要锻炼自己接受风险的能力，哪怕是失败的经验，也能帮助女人承受更大的决策与风险。

在职场中，不少女人也不甘心低层的职位，对那些富有挑战性的位置也很有兴趣。只是，她们不会努力去争取，而是希望遇到"伯乐"，有朝一日慧眼识人，能够发现自己。

于是，她们日复一日地勤恳工作，只希望上司或者老板能够看到你勤奋工作的样子，进而提拔你。而女人在被"发现"之前，要做的只能是苦苦地等待再等待。

你以为你的上司或者老板真的会读懂你的"心事"？这并不是他们会对你勤恳的工作态度视而不见，而是他们头脑中要考虑的事情太多，要处理的关系太多。等到他们明白你的真正需要时，恐怕已经成了"昨日黄花"了。

一味的等待他人的发现实在是一个愚蠢的想法，这不是说明你缺乏自信，就是说明你有很强的依赖性与惰性，否则为什么不主动一点呢？

现在，请主动一点吧。当上司或者老板肯定了你的敬业精神时，找个适当的机会，说出你真正的需要。这样，他会看到你的自信，进而对你委以重任。

幸福心语
deli heart
happiness

一个有自我的女人，任何时候都会明白，工作不是铁饭碗，看似安逸的工作背后，也隐藏着无尽的风险。与其坐等变故找上门，让自己束手无策，倒不如主动出击，争取主动，赢得自我。

突破自我，女人的价值在于不断进取

"一直想学英语，可一直没有时间，也没有钱。妹妹正在上大学，我还要给她出一部分学费呢！"

"我想换一份新工作，但男朋友不同意，说现在的工作待遇不错，何况重新找工作也不是那么容易的。可现在的工作实在乏味，每天都没事干，我感觉自己都快成木头人了！"

"孩子一岁半了，我非常希望自己能重新回去上班。可是，婆婆说孩子离不开我，还说家里不缺我那份工资。再说，我都快三十岁了，出去能干什么呢。唉，我只能当全职太太了。"

是的，每个女人都有自己的难处。这种难处，可能来自亲人的拖累或者阻挠，也可能来自其他方面。因为这些难处，女人们都在原地踏步。一年又一年，她们除了抱怨几句，也没有更好的办法。

难道，女人的命运真的是握在别人手里，无法自己掌控？难道，女人生来就是为了别人而活，女人总是处处在乎别人的感受，甚至为此而放弃自己的生活？

不，这不是一个有自我的女人。一个真正懂得突破自我的女人，会排除一切干扰，让自己每天进步一点点，每天伴着清晨第一缕阳光起床，让自己全身心投入到崭新的一天中。

　　周一，新的一天又开始了。若虹在办公室里紧张地忙碌着。今天，有一个来自德国的医药公司要进行注册，她得在最短的时间内把资料都整理出来，再进行审核。整整一天，若虹都在专心工作，身边同事的说说笑笑也没能让她回一下头。她希望在八小时内把分内的事都做完，这样就能按时回到家，陪伴三岁的女儿格格了。

　　下班时，若虹检查了一下工作日志，满意地点点头，拿上提包离开了办公室。公司离家比较远，她得坐公交车再换地铁，一个半小时后才能到家。

　　坐在地铁上，若虹拿出一本小书，专心地看着。这是一本有关医药注册的相关资料，若虹利用坐地铁的时间不断熟悉资料，也是为了更好和公司的业务发展合拍。想想一年前，自己还成天坐在家里无所事事的样子，若虹就笑着摇了摇头。

　　那个时候，31岁的若虹已经在家里呆了两年多了。因为怀孕、生孩子，她离开职场的时间太长了。看着以前的同事一个个意气风发的样子，若虹也坐不住了。

　　她决定重新工作，因为格格可以上幼儿园了，不需要她整天陪着了。最初，家人都表示反对。但她耐心地说服了家人，并得到了老公的支持。接下来，她开始找工作。她思索再三，决定一边投简历，一边通过朋友们找工作。

　　三个月下来，没有任何消息。若虹有些泄气，但她给自己打气：别放弃，机会肯定有，一定要坚持。在找工作的同时，她抓紧时间充实自己，了解最新的行业动态。

两个月后，一家医药注册公司通知她去面试。面试中，若虹的个人能力和工作经验都得到老板的认可，唯一的顾虑是若虹已婚还有孩子的事，老板担心她会顾不过来。若虹表示，自己已经充分考虑到了这些，在工作中会尽最大努力协调好。

事实证明，若虹做得很好。每天，她都提前半个小时到公司，把一天的工作安排好。下班时，她会检查一下工作日志，看看有什么地方还没做完。半年下来，若虹的业绩非常出色，和同事们也相处得非常好……

这时，地铁到站了，若虹快步走下地铁，又步行了十五分钟回到了家。一开门，格格就高兴地跑过来："妈妈，妈妈！"

若虹亲亲格格的小脸，问格格在幼儿园过得开心吗，有什么好玩的事。格格一板一眼地回答着妈妈的问题，又把自己今天画的小兔子拿给妈妈看。

每天回来，若虹都会和格格说一阵话，了解格格的小心思。晚上临睡前，若虹又会抽十五分钟的时间给格格讲个小故事，这是她的"亲子时间"。

台灯下，若虹在日记本上写道："今天的工作小有收获，注册比较顺利，客户也表示满意。另外，格格在幼儿园里学到了新东西，真让我高兴。明天，又是美好的一天！"

是的，明天又是美好的一天。只要你努力，每一天都能像若虹一样过得分外精彩。

行动起来吧！天空是那么美丽，在等着你去展翅飞翔，有什么理由放弃属于自己的那片蓝天呢？

幸福心语

与男人相比，女人背负的东西更多一些，也更容易为了家人、孩子而放弃很多东西。但是，这不是我们止步不前的理由。没有谁能阻拦你的进步，真正的"敌人"正是你自己！不妨问自己一声：是不是安逸的日子过久了，或者受到的挫折太多了，不知不觉间，我们习惯了过一天算一天，任由时间在自己的脸上刻下岁月的痕迹？

HAPPINESS FOREVER

Chapter Eight

第八章

◎幸福就是让生活更美好

幸福的意义在于生活的质量，对女性朋友而言更是如此。工作的出色、事业的辉煌并不能代表你有高质量的生活，这里的高质量是指：在百忙之中享受生活的乐趣，这种享受并不是享受生活所带给你的结果，而是享受过程！

享受生活，享受快乐

人们常说：再烦，也别忘记微笑；再急，也要注意语气；再苦，也要懂得坚持；再累，也要呵护身体；再忙，也别忘记享受生活、享受快乐。

然而，生活中，很多女人都以为享受是奢侈的，是那些阔太太才有资格拥有的，她们家里雇着保姆，不需要为生计整日奔波。而自己这般平凡的女子，哪里有时间去享受生活、享受快乐呢？尤其是那些结了婚的女人，常常右手抱着婴儿，左手煮着牛奶，刚刚哄孩子睡着，还没来不及喘口气，就又去洗堆积如山的脏衣服了。她们心里总想，等孩子大了，不需要手把手照顾了，就可以脱身享受一下了。可等孩子大了，进了幼儿园，却又开始一边工作，一边照顾家人的饮食起居，更要操心孩子的教育问题，每天又忙得天昏地暗，哪有时间享受？

工作中，也有不少女性在成功观念的误导和吸引下，陷入了人生追求的怪圈，忘记了人生的目的，陷入了仅仅为成功而成功的怪圈。她们总是忙啊忙的，到头来不但没有感觉到生活的美好、人生的快乐，反而让自己疲惫不堪、无精打采。

不懂享受生活、享受快乐的女人会怎样呢？下面我们来看一个案例：

刘婷婷是一位已小有名气的律师，在她出色地打赢几桩疑难案件后，名声大噪。出名后，她更加兢兢业业，为长久发展打基础。为此，她每天为事业奔波，就像一个陀螺一样不知疲倦地忙碌着。正如她自己所说的："我也不知道自己究竟为了什么，只觉得背了一个好大的包袱，又像被人驱赶着一样，只知每天拼命往前冲。现在生活虽然十分富裕，没有了经济方面的压力，但生活得很烦，心里没有片刻安宁，精神压力也很大。不仅失去了与老公登山野炊的兴致，失去了和朋友闲聊的心情，也很少能与朋友毫无顾忌地说些真心话。我是取得了令人羡慕的成就，但生活却被成就包围了、围困了，成了一个令人窒息的、封闭的小世界。"

平时，刘婷婷看起来总给人一副精神焕发、精力无穷的印象，只有与十分要好的朋友私下聚会时，才显示出一副身心憔悴、疲惫不堪的样子，甚至伤感："工作，工作，我一直觉得成功胜于一切，但我现在成功了，却觉得怎么这么疲倦，这么没劲。"

每天下班后，刘婷婷总是带着一身的疲惫回到家中，尽管如此，她也不会躺下休息片刻，而是立即打开电视查看股票信息，拿起话筒与人通话，谈论第二天的工作安排，翻书开始阅读，或是开始打扫卫生……她好像害怕"浪费掉"哪怕只是一分钟的时间，似乎时间并不属于自己，似乎总是在为将来而生活，为幻想中的美好前景而生活。

刘婷婷总像绷得很紧的弓弦，觉得日子平淡乏味。最近，听说她患上了"疲劳综合症"。

以上这个事例中，刘婷婷为什么最终会患上"疲劳综合症"呢？其主要原因就在于她不懂得享受生活，不懂得享受快乐。诚然，人生既需要努力拼搏，但也需要善于休息和娱乐，需要学会享受生活，在平淡的日子里产生出一种不平淡的感觉。

在这个竞争激烈的社会里，尤其是在钢筋水泥构筑的城市森林里，每个人都面色凝重，步履匆匆。生活节奏每时每刻都在以令人头晕目眩的速度递增，人们像拉紧的弹簧一般无法松弛下来，即使在身心俱疲的情况下，也无法放缓迈动的脚步，身不由己地被涌动的人流推着走。仔细想来，人们的这种匆忙，无非是为了追求到更多的金钱、名誉、更高的地位……以为得到这些后，便会感到一种成就感，感到快乐，但是，却往往适得其反，人们在追求的过程中，在那如陀螺般的高速旋转中失去了生活中最珍贵的东西——快乐。

懂得享受生活和快乐的女人知道给自己的心灵放假，使自己在充满喧嚣和紧张的生活节奏中享受到快乐和轻松；而不懂得享受生活和快乐的女人却像一张紧拉着弦的弓，无时不处在紧张之中，但这张弓可能在某一天会由于过度的紧拉而崩断。而只有前一种女人才能领悟到人生的真谛。用心去享受生活吧，忙碌一天之后问问自己的心，真正需要的东西得到满足了吗？自己现在这样生活真的快乐吗？如果答案是肯定的，那恭喜你！如果答案是否定的，那么，请你重新审视一下自己的生活，重新去规划它、润色它吧！

幸福心语
dali heart
happiness

生活中如果没有快乐，人生就如小鸟失去了翅膀一样，不能自由自在地飞翔于蓝天；人生就会像花朵得不到阳光，失去娇艳

和芬芳。聪明的女人会在生活中发现美好的事物，尽情地享受着生活赋予的点滴快乐；愚笨的女人总是忙忙碌碌地像陀螺一样，生活在压抑、烦躁之中，无法破译生活的真正意义，活得像一部会说话的机器，毫无乐趣可言。这是完全不同的两种生活方式。无疑，前者是幸福的，后者是不幸的！你愿意选择哪一种呢？

HAPPINESS FOREVER

培养情趣，女人要有自己的空间和爱好

　　小张是一个穷姑娘。一个男生喜欢她，同时也喜欢另一个家境很好的女生。在他眼里，她们都很优秀，他不知道应该选谁做妻子。有一次，他到小张家玩，看到她的房间非常简陋，没什么像样的家具。但当他走到窗前时，发现窗台上放了一瓶花——瓶子只是一个普通的水杯，花是在田野里采的野花。就在那一瞬，他下定了决心选择小张作为自己的终身伴侣。促使他下这个决心的理由很简单：小张虽然穷，却是个懂得如何生活的人，他相信将来无论他们遇到什么困难，她都不会失去对生活的信心。

　　生活中还有很多像小张这样懂得生活情调的女人，她们懂得在平凡的生活细节中拣拾生活的情趣。亨利·梭罗说过："我们来到这个世上，就有理由享受生活的乐趣。"当然，享受生活并不需要太多的物质支持，因为无论是穷人还是富人，他们在对幸福的感受方面并没有很大的区别，我们可以通过摄影、收藏等途径培养自己的生活情趣。卡耐基说过，生活的艺术可以用许多方法表现出来。没有任何东西可以被不屑一顾，没有任何一件小事可以被忽略。一次家庭聚会，一件普通得再也不能普通的家务都可以为我们的生活带来无穷的乐趣与活力。

游走于工作与家庭之间，现代女性的生活总是充满了忙碌，白天的时间全部给了工作，下班后还要在家庭中扮演重要的角色，忙于各种家务，生活得很累很辛苦，完全没有了自己的空间。很多女人因为纯粹追求一种物质上的生活而让身体变得乏累，结果往往是得不偿失。而有情趣的女人懂得适时放纵一下自己的兴趣和爱好，每天给自己一段时间，读读书，听听音乐，养个宠物，给自己一个真正的自我空间。时间充足的时候，找个安静的地方闲逛几天，都是一种很好的方式。

丹喜欢旅游，可是因为工作太忙，已经有好多年没有出去玩过了，每次身边的朋友相约去旅游，自己总是因为工作忙没有去成。后来发现，那些整天有事没事就出去旅游的朋友，工作也没有耽误多少。自己这样辛苦，工作效率也没提高多少。"十一"黄金周，丹终于放下手头的工作，开车去桂林自助旅游，旅途中结交了不少朋友。这里没有个人利益的问题，完全是出于共同的爱好才走在一起的，所以轻松愉快。大家在一起交流最近的旅游心得，相约更大的旅游计划，很是快乐。丹觉得生活也过得丰富了许多。

有些女人，特别是年届不惑的女人，十之八九没有什么爱好。一说爱好什么，头脑里一片空白。有些女人认为每天忙家务还来不及呢，哪有时间培养什么爱好？还有的女人觉得爱好是结婚前、没生孩子以前的事情。这样的女人虽然憨厚实在，但没有见识、没有情趣。

女人要有自己的空间和爱好，丰富自己的生活情趣，释放自己的身心，让自己有个健康的生活方式。爱好是工作之余的一种娱乐方式，如果一个人只知道上班、吃饭、睡觉，那么她的生活一定是苍白的。没有健康的生活方式就不能保证身体上的健康。当然，有了爱好也不能忘乎所以，忘记了生活中还有很多重要的事情要做。

爱好还会让一个女人保持一份清纯。女人丢掉了清纯，就会变得俗不可耐了。一个女人一天不管有多忙，都要抽出 30 分钟左右作为自己的专用时间。在这段时间里，要把自己从家务中超脱出来，看看书，听听音乐，回想往日的趣事，让自己永葆年轻女性的清纯。

好的生活方式是在不开心的时候给自己找快乐，学会解脱，忘记忧伤，善待自己，少一些压力，在娱乐中生活工作，在生活工作中娱乐。所以女性朋友们要合理地安排工作与生活，试着放纵一下自己的爱好，体会发现活力与热情重新回到了你的生命之中。

幸福心语
deli heart
happiness

我们的生活可以很平淡、很简单，但是不可以缺少情趣。一个兰心蕙质的灵巧女孩，必定懂得从生活中的点滴琐细中采撷出五彩缤纷的情趣。

懂得生活，过有品位的日子

有品位的女人，是内敛而稳重的。不咄咄逼人，让别人丧失信心；不大喜大悲，人情世故，世态炎凉。她懂得怎样生活才能值得珍重。

有品位的女人，是温柔而天真的。她会给爱人以温柔，一杯浪漫的红酒或一个会心的微笑。她的天真恰如其分，让你怜惜，给你惊喜，自然中透着楚楚动人。

有品位的女人是充实而知性的。久经翰墨的熏陶，深蕴着一种灵性与娴静。她能够在欣赏作者灵魂乐章的同时，读懂另外一个灵魂的高贵。那种沁骨的书香，让她生活单纯而逸然，但不缺乏诗意。

那么如何才算是一个有品位的女人呢？

有品位的女人懂得生活。烦恼、焦虑、失望……总是悄无声息地从潘多拉的盒子里跑出来，伺机侵占我们惬意的心。有品位的女人会先把它们尘封，暂时"生活在别处"。待到心平气和、神清智明时再杀一个漂亮的回马枪。"诗意地生活"是她恪守的准则。清晨醒来，摘一朵白云放在衣袋里，于是一天的心情都会轻盈曼妙。即使工作繁忙她也能忙里偷闲，适时地放飞心情。

有品位的女人虽不是不食人间烟火的仙女，打理起生活来却井然有序，又别有情趣。如果时间允许，会做一顿丰盛的晚餐。一边听着花腔女高音的歌剧唱段，一边在厨房煎炒烹炸。收拾停当后，一幅色香味俱佳的"油画"跃然于桌上：烛光摇曳，格子台布与蓝印花瓷盘映衬出的典雅色调忽浓忽淡。觥筹交错，暗香浮动。细心品味的不只是菜肴，还有心情——吃饭不再是件简单的事情。

有品位的女人时刻让心保持温润。某个夜半时分，她会在枕旁的老公呼吸均匀之后悄然起身，拧亮书房的台灯，看一段美丽文章，或者，只是冥想。望着窗外如水的月夜，淡淡地任思绪在时空里飞舞，也许是想起了某段馨香的往事，一丝微笑绽放在唇边，晶莹得一如天上的新月。

有这样一个命运坎坷的女人，她家境富裕，很小就受到优雅生活方式的熏陶。

结婚后，她曾过着幸福的生活，但一次自然灾害将这美好的一切都剥夺了。她的财产尽失，不得不从事体力劳动以养活家人。但是，就是这样她依然保持了喝下午茶的习惯！没有电烤炉，她用唯一的铝锅蒸蛋糕；没有吐司炉，她在蜂窝煤炉上架起铁丝来烤面包……泰然自若、宠辱不惊，坚守着她的生活方式。直到90高龄，她仍微笑着文雅地喝红茶，雪白的卷发散发着香气，让她身边的人都感叹她"真迷人"。

这就是有品位的女人，她不经意间所流露出来的优雅，让人佩服得五体投地。可见，品位不是天生的，也不是夸夸其谈地知道几个所谓的时尚代名词就行了，品位是一种气韵，一种坚持，一种时间的考验。时髦，可以追可以赶，而品位却是模仿不来、着急不得的事。

"品位"二字，没有内涵是强做不来的。品位不是虚无缥缈的一种自我

217

感觉良好，它是全面的，整体的，由表及里的综合表现。品位是一种集个人的出生背景、文化层次、生活素养为一体的，只能靠感觉去体验的东西。不是什么人都能够拥有的。

现实生活中，如何提高自己的品位，让自己魅力四射呢？告诉你几个秘诀。

走近艺术

在床头搁本喜欢的画册、美文集等，晚上拧亮台灯在若有若无的轻音乐声中翻阅，既可以让人平和宁静，又可以让你深感贫乏的知识教养有所提高。假日里，去美术馆、音乐厅感觉艺术气息，拉近自己和艺术的距离，试着让自己成为一个充满艺术气质的人。

掌握流行品味

生活的各个方面都存在着流行，发型、饮料、音乐，你不应拒绝流行，但也不要盲目跟随潮流，被流行迷失自己，要懂得利用余暇充分享受流行的乐趣，懂得让自己与流行保持距离，使自己能够随心所欲地掌握流行。有人被工作或生活所拖，便认为流行与自己无关，对流行失去了关心，并且觉得这样也过得很好，这就大错特错了。流行可以开拓生活领域，在流行中会让人生活得更加愉快。如果过分死守陈旧，内心怎能灵活自如？通过看电影、电视，通过和朋友交流，通过阅读杂志，通过画展，通过博览会甚至通过逛街了解流行、感受流行，又凭自己的喜欢选择流行，这样才会使你保持既现代又古典的魅力，才会让你自己始终保持好奇心。

拥有专长

经过长久积累、用心领悟，你的知识比同龄女孩丰富许多，即使偶尔一露，也使你更加闪耀动人。其实，不管研究文学、外语还是美容、烧菜，只要是自己喜欢的东西都可以尽情尝试，若是能在本职工作以外拥有一项得意专长，不仅可令朋友羡慕，更能令你闪闪发光。

幸福心语

真正有品位的女人，漂亮是当然的，因为她会打扮，穿的、有的不一定昂贵，但适合自己；真正有品位的女人，健康、快乐，因为她爱惜自己。身材不一定性感，容颜也会老去，但是心态依旧年轻；真正有品位的女人，不一定多么聪明，但学识不能够少，因为她用智慧武装头脑，坚守着属于自己的思想与格调；真正有品位的女人，思维清晰，眼光独到，在人格与文化之间张弛有度，有着独特的视觉和感官……

放下压力，让我们一起旅行去

旅游可以帮你减轻压力，达到彻底放松、忘掉烦恼的效果，与大自然亲密接触．才能让女人真正解脱！

旅游，早已成为了现代社会人人喜欢的休闲生活，工作了一段时间，去大自然中放松身心，或许是最好的减压方式了。可能是因为我们生活的空间过于拥挤。或者我们的心太累，所以我们渴望到一个从来没有去过的地方或者人迹罕至的去处，卸去所有的面具和伪装，让自己的心灵彻底放松，回归自然、亲近自然。

外出旅游，可以使心灵更充实

现代社会的女人，来自工作、家庭、社会的压力越来越大。虽说女人已经占据了半边天，在政治、经济方面享有权利与地位的同时，却在精神上遇到了很大的挑战。

出来走走吧，没有必要把自己完全束缚在由钢筋水泥构筑的城市当中。旅游可以让你忘记一切的压力与烦恼，可以让你真正解脱！

旅行是女人减少压力的方法

很多女人经常为了完成单位要求的工作量而不眠不休，费尽心思地考虑如何让自己获得更大的成功。而在家庭中，女人永远都被要求承担起"主妇"

的责任，家庭的重担往往是由女性完成的，整天还要为柴米油盐算计。因此，很多女人处于亚健康的状态，甚至由此患上抑郁症。

出去旅游，换了环境，自然见不到那些让你反感的人，也想不到那些让你犹豫和烦躁的事情，只有面前的风景，只有目前环境的风情。将自己与环境融合在一起，那种超脱红尘与世俗的境界，才是远离压力的最好办法。

卓依是一家杂志社的编辑，她每年都会让自己休息一个月的长假，去各处旅行。工作的时候，每天都要和文字打交道。每天邮箱里都会收到各种各样的稿件，良莠不齐，都要一一查看；很多时候她会为没有合适的稿件而发愁，就要动员知名作者来写稿，之后就是不停地催稿；还有读者褒贬不一的来信，都要一封一封地阅读，对于合理的有建设性的建议，要提交给上司；对于那些严厉批评的意见还要一一回复及解释……

长时间的工作压力，使她疲惫不堪，于是，她每年都会请一个月的长假，出去走走，在旅行中忘掉这些烦恼。前些日子她去了漓江，在湖光山色中，头脑里唯一的念头就是让自己放松，每天考虑的事情就是今天去哪里玩、明天要去哪里玩……经过一个月的游玩，抛下烦恼，带走快乐。

旅行是女人最好的减压方法，女人要想美丽，最主要的就是减少压力。压力很少的生活才是健康的、美好的！

旅行贴近自然、净化心灵

日复一日朝九晚五的生活，是不是让你失去了工作的原始动力，渐渐感到茫然失措？很多女人都有这样的状况：

感到疲惫，提不起精神，工作没动力；

感觉自己免疫力下降，伤风感冒成为家常便饭，颈肩或腰臂部位会无故作痛；

皮肤干燥、眼睛不适；

情绪不稳，敏感且烦躁易怒；

喜欢独处，想去完全陌生的环境或换一份其他工作。

良好的心态是快乐的秘诀，心理学家告诫：先处理心情再处理事情. 不要带着怒气去工作和生活。再聪明的人也会因为情绪不良而失败，做一个情商高的人并不难，只要你每天多留意一点点。怎样才能让自己拥有一个良好的心态呢？多出去旅行是最好的选择。对公司赋予的假期，应适时支取，对家务要尽量化繁为简，为自己留点空闲。平常应该培养自己的业余爱好，每周至少两次体育锻炼，每月参加一次娱乐活动。在倦怠情绪侵袭的时候，干脆休假去远处旅游，心情自然就豁然开朗。

在旅行当中，很自然地就将自己融入大自然当中，因为环境的改变自然不去想那些扰人心烦的事情。古人面对美景，曾经感叹"行到水尽处，坐看云起时"、"相看两不厌，唯有敬亭山"……面对眼前景物，自然就会认识到自己的渺小，而自然的力量是多么的伟大，那种闲适、那种超脱，不争不夺，自然会让经常心绪烦躁的女人忘掉所有的忧虑，而且可以感知忧虑是那么的没有必要。旅行，可以改变女人的心绪，抛却烦恼。

幸福心语

　　人不能像机器那样枯燥。如果一年到头吃同样的饭菜，做着同样的事情，谁都会感到腻烦。女人的生活不能只局限在工作和家庭里。走出去吧！外面的世界很精彩。不要等到人老珠黄的时候，再感叹没有好好去体会生活的乐趣。

HAPPINESS FOREVER

用爱浇灌，爱家才能爱生活

美国诗人爱默生说："家庭是父亲的王国，母亲的世界，儿童的乐园。"无疑，家庭对每个人来说都十分重要，尤其是对女人，可以说，它是女人幸福的核心。

幸福的家庭都是由爱形成的，有爱才有家，家应该是温暖的、温馨的、温情的。只要爱不变，家就不会变，甜蜜的日子、幸福的生活很大程度上都来自于家庭。

无论是女人对于家庭还是家庭对于女人都是十分重要的，二者相辅相成。一个家庭，如果没有女人，就不能成为真正的家庭。女人的行为可以左右一个家庭的未来。女人与家庭不可分割。因此，如何让家庭成为女人幸福的核心，是一个女人生命中重要的课题。

现实生活中，我们见过不少这样的女人：对丈夫漠不关心，对孩子不管不问，对家务置之不理，整个家乱作一窝蜂一样，也从来不觉得有什么不好。这样的女人会幸福吗？她们不爱家，想必家也不会爱她们，或许她们的丈夫每天都在抱怨她们、嫌弃她们呢。

不爱家的女人很难与幸福有缘。不爱家的女人，生活将会失去光泽。不爱家的女人，也不会有什么工作激情，工作只是她混日子的一种方式。不爱家的女人，她的婚姻已经出现了危机，并且很难挽回。不爱家的女人，会越来越自私，会越来越敏感和造作，没有脚踏实地和吃苦耐劳的精神。不爱家的女人，已经没有了目标，活着也许就是她唯一的目标，她已经没有了任何前进的动力。不爱家的女人，已经自己把自己推到了险路，再前进就是绝境！

作为女人，我们都希望自己有个幸福的巢，想让它拥有全世界所有的美妙，让它收藏世间所有的美好，尽管这一切都是设想，但爱家的女人，一定能够做到。爱家的女人愿意为家做点力所能及的事情，因为是爱家的人，更因为爱家的缘故。

沈丹萍不仅是一位优秀的女演员，更是一个爱家的女人。

沈丹萍的家很大，很干净，一尘不染，连角落里都没有一丝污垢。她最不能容忍的是盥洗盆和浴缸里有一点水渍。打理这样一个家，劳动强度可想而知。不拍戏的时候，沈丹萍就和家里的小阿姨一起从早擦到晚，比在外面拍戏还累。但是，沈丹萍说她累得高兴，因为是为她所爱的家人付出。她一天中最快乐的时光就是夜深人静的时候，孩子们都睡了，丈夫在灯下工作，剩下她一个人在大大小小的房间里走来走去地欣赏。她说："这个家是如此的温馨、洁净、完美，一家人在里面生活得如此安详而舒服，这就是我最大的满足。"沈丹萍的家其实并不豪华，但是就像她说的"很舒服"。她的很多朋友来了之后，甚至都不愿离开。沈丹萍说："我们家没有别的，就是干净。"在她家里，外人会注意到，书房和客厅的两扇大落地窗上果然一点灰尘都没有，明晃晃的，下午的阳光透过玻璃窗斜射进来，温暖而宁静。此时，她会领别人参观她亲手布置的每一个房间，并讲述每一件家具里的故事。

爱家的沈丹萍不但爱清洁房间，还爱自己的孩子和丈夫。沈丹萍的两个孩子都是在她的拥抱和亲吻中长大的。她每天花在孩子身上的时间很多，大女儿放学回家，她陪她做功课、弹琴，和她谈心。小女儿每天中午起床后，她都陪在她身边，给她洗澡。晚上睡觉时，她还会给她按摩一个小时。晚上8点，丈夫下班回来，沈丹萍就下厨给他做好吃的西餐，陪他聊聊天。工作之余，沈丹萍永远都是在家陪她的孩子和丈夫。

因为爱家，沈丹萍有一个温馨的家、一个美满的家、一个幸福的家。

以上事例中，沈丹萍不但爱自己的丈夫和孩子，还不怕苦不怕累地做家务，她实在是一个值得欣赏和赞扬的幸福女人。在沈丹萍心里，家务不但无法磨灭她天生的灵慧和感觉，而且她还会把家变成一方由自己表演的舞台和自己耕耘的田园。这一切，只有对家人充满爱心的女人才做得到。一个带着"爱"做家务的女人，肯定是幸福的女人。

作为现代女性，我们都希望事业与家庭互不排斥，想要在工作中有成就，同时还要顾家，那样的苦可想而知。在很多女性的心中，居家过日子是最操劳最琐碎最没有诗意的，那洗不完的锅碗瓢盆抹不完的灰尘油污是永远的负担。然而，我们也看到一些慧质兰心的女人，像沈丹萍一样，能把这平淡而辛劳的家务变成艺术创造的过程，把平凡的日子过得有声有色，她们不但对这一切都习以为常，并且能从中发现生活中的美与快乐。

爱家的女人，会体贴关心自己的丈夫，一心一意，从不花天酒地、吃喝享乐；从不进不良场所；从不与坏人交往；从不夜不归家，总与丈夫形影相伴，信守忠贞的爱情。

爱家的女人，是爱丈夫和孩子的女人，是一个合格的女人；爱家的女人，是爱父母的女人，是一个孝敬老人的女人；爱家的女人才是爱生活的女人，是世界上最幸福的女人。

爱家的女人，在工作之余，关心更多的是自己家中的人，关心衣食住行给他们带来的快乐。她们全凭自己的动脑，经过自己的努力，把家庭经营好。

爱家的女人不会再给自己施压，她会把握自己，经常审视定夺，该穿该戴都舍得。保持女人特有的气质和魅力，无论什么时候都是必不可少的，该争该要的绝不能无原则地全放过，张弛适度、处理好家务的女人，才是个有原则有魅力的贤妻良母。

爱家的女人，会始终坐在家这条小船上，努力划桨，使家的小船乘风破浪，驶向幸福的彼岸。爱家的女人在用心守候着家人，守候着一份亲情、一种美丽、一份温馨。

幸福心语
deli heart
happiness

对于每个女人而言，家是携子之手共伴红烛；家是夕阳下的依偎，家是风雨中的搀扶；家是情感的苗圃，家是爱心的归宿；家是写不完的一首长诗，家是读不尽的一部史书；家是将困难排除在外，将爱保存在内的地方；家是我们的情感中心，四周围绕着美好的意愿；家是世界上唯一用爱将人性的缺陷和失败掩盖起来的地方；家是火车晚点站台上不安的脚步，家是飞机落地拨通的第一个长途；家是月光下的倾诉，家是夕阳里的相依相偎；家

是你温暖的避风港，是你的寄托……但家也是责任田，需要每个女人用勤劳的双手耕耘、播种、浇灌，只有这样，你才能收获滴翠的叶、绚丽的花、丰硕的果。

HAPPINESS FOREVER

关爱双亲，陪父母一起慢慢变老

前段时间，网络上疯转《你陪我长大，我陪你变老》的演讲视频，这是北大女学生发自内心的肺腑之言，呼吁社会上的所有儿女们，来关注和陪伴我们的父母，可是，有多少人能做到，陪着父母一起慢慢变老呢？作为儿女，对于刚毕业的，可能刚刚参加工作，为了让父母过上更好更优越的生活，而在外面拼搏奋斗着，能够一年回家一次两次的也已经不错了。对于已婚的，因为有了自己的家庭，生活的压力，不辞辛苦的赚钱，养家糊口，忙碌的生活，甚至会让他们短暂的忘记父母的存在，有时候电话都难得打一个，这就是所谓当今社会空巢老人的孤独和寂寞。

叶子是个音乐制作人。正当她步入事业的成熟期，忙碌于一部新专辑制作的时候，突然接到母亲打来的电话，说父亲病危，让她赶紧回家。

叶子立即放下所有的工作，坐飞机赶回老家。她原本以为能见到父亲的最后一面，心里想着，父亲也许病得很严重或者正在抢救当中。没想到等她踏进家门以后，母亲却告诉她，她的父亲已经走了。叶子突然之间接受不了这个事实，陷入极度的悲痛中不能自拔。

父亲从小到大都很疼她，视她为掌上明珠。父女俩的关系也一直很好，

229

直到叶子做出一个在父亲看来很不切实际，而且很荒谬的选择——叶子要以音乐为职业，想做个出色的音乐人。

叶子的父母都是普通的工人，家境很一般，而且叶子长得也不是很出众的那一种。父亲认为把音乐当成一种业余爱好是可以的，可作为职业对女儿来说那是不切实际的行为，认为她的选择太幼稚。一直以来都坚决反对，想让她找份儿像会计、护士这一类大众化的职业。

而叶子继承了父亲固执的性格，却没有继承他古板的思想。她开始出入酒吧，靠唱歌挣钱养活自己，并执著地从事着音乐创作。一直忙碌于对音乐的追求中，她甚至很少回家看望父母。她想让自己做出优异的成绩，证明给父亲看，她女儿的选择是正确的。

叶子做梦也没想到，父亲竟然在她即将奔向成功的那一刻，永远地离开了她。突然间，她失去了奋斗的目标，失去了驱使自己前进的动力。她后悔自己太自私、太任性了，甚至在父亲要走的最后一刻都没陪在他身边。父亲的离开给叶子敲响了警钟，忽然之间，她发现母亲已经那么苍老了，她真的醒悟了，自己不能再忽略了母亲。她把母亲接到了自己身边，好好孝敬她，珍惜母女俩共处的每一段时光。

常回家看看吧，不要让自己等到失去了再后悔。有父母在，你就是个有人牵挂，有人疼爱的孩子，就是一个宝。珍惜每一次与父母相聚的时光吧，多陪陪他们，哪怕是给他们一个开心的笑脸，一句温暖的问候，他们都会感到很满足。他们期望的不是大富大贵的显赫，而是合家团聚，其乐融融的天伦之乐。如果等父母不在，你有再多的时间和金钱也不能孝敬他们，这真是人生的一大悲哀，是人生永远没办法弥补的痛。所以，尽孝要及早，不要给自己和父母留下遗憾。

只要有父母亲在，身后就总是有两双慈爱亲切的目光关注着你，关心你的工作顺不顺利，生活过得好不好。你只要有一点情况，立刻就会得到他们无条件的支持和无私的援助，时时让我们享受到父母的恩情和付出。我们可以听到他们的唠叨，那不断的唠叨里，有他们对当年的经验之谈，有对你现在任性的批评与规劝。也许，就是那些令人听腻了的唠叨，让我们学会了走好自己的人生之路。

只要父母健在，我们就可以尽孝尽责。要是能与父母住在一起，就多出力；要是不在一起，就多尽心。打个电话问候一下，在视频上聊聊天，寄点儿钱或者买些父母喜欢的物品，但最好的还是常回家看看。父母欣慰，我们开心，那才是一种天伦之乐，是一种特别的幸福。

就像陈红的歌里唱的："找点空闲，找点时间，领着孩子常回家看看；带上笑容，带上祝愿，陪同爱人常回家看看；妈妈准备了一些唠叨，爸爸张罗了一桌好饭；生活的烦恼跟妈妈说说，工作的事情向爸爸谈谈。常回家看看，回家看看，哪怕给妈妈刷刷筷子洗洗碗，老人不图儿女为家做多大贡献，一辈子不容易就图个团团圆圆。常回家看看回家看看，哪怕给爸爸捶捶后背揉揉肩，老人不图儿女为家做多大贡献，一辈子总操心只图个平平安安。"

常回家看看吧，父母都健在，是一种多么大的幸福！我们做儿女的，都要珍惜父母健在的好时光。不要说自己工作忙，不要说自己没时间，认真地尽心尽力，使父母健康快乐。不要为自己留下终生遗憾！

用小沈阳的一句话说，人这一辈子啊，眼睛一闭一睁一天过去了，一闭不睁一辈子过去了。人生是很短暂的，不要将尽孝道变成永远的"未来时"和"未完成时"。

也许很多人都会有这样的感觉：虽然和父母同住一个城市，但由于事情太多，老是抽不出时间回家。总觉得走到哪里也是父母的孩子，他们总在那个老家守候着，回家多一回少一回无所谓。某一天听到某首歌，突然间醒悟过来了。感到父母亲的牵挂是那样的纯洁、无私和默然，如夜晚天空中的明月，柔静地照耀在儿女们的心中。于是，回家的时候，站在门外，总感到内疚，像一个做了坏事的孩子将见到大人那样，心里忐忑不安，总好像谁在责备着自己。敲门的时候，猜想着父母正在家做什么事。进了家门，看到父亲缕缕花白的头发，母亲渐渐苍老的脸，就会有一种心痛的感觉。

子欲孝而亲不在，这种巨大的遗憾还继续发生在很多人身上。如果你还幸福地拥有父母之爱，那么，请别忘了抽出你的百忙时间，常回家看看，听听妈妈的唠叨，跟爸爸谈谈工作……

幸福心语

面对父母无私无价的爱，我们究竟做到了什么？有钱的人，以为给父母一些钱，让他们独自生活就是尽孝？以为给父母买一套硕大的房子，孤零零的两个老人独自徘徊在家中就是尽孝？不是，都不是，尽孝是什么？尽孝就是陪着父母，就像他们曾经陪伴我们一样，不离不弃，他们陪我们长大，我们陪他们变老！